普通高等教育“十二五”规划教材
普通高等教育机电类实用型规划教材

电气控制技术基础

主　编　赵明光　刘明芹
副主编　张　贤　倪立学
参　编　王　玲　高　荣
主　审　侯志伟

机械工业出版社

本书从工程应用基础和优化教学效果的角度出发，主要介绍了电气控制技术、控制系统设计、可编程序控制器（PLC）的原理及应用。书中内容突出基础知识和基本应用。全书共七章，包括常用低压电器、电气控制电路的基本环节、典型机床电气控制电路分析、电气控制系统设计基础、可编程序控制器的工作原理、FX_{2N} 系列 PLC 的编程元件及基本指令、PLC 控制系统设计。每章后附有适量的习题，全书最后附有一份综合测试试卷。

本书符合党的二十大报告中关于“深入实施科教兴国战略、人才强国战略、创新驱动发展战略”的要求，在详细讲授基础理论知识的同时融入探索性实践内容，以增强学生的自信心和创造力，即用学科理论知识促进学生活跃思维、敢于创新，尽可能地将新思路在实践中进行创造性的转化，推动科学技术实现创新性发展。

本书可作为高等工科院校机械设计制造及其自动化、机械电子工程、机电一体化等相近专业的教材，也可供电气控制领域的工程技术人员参考。

图书在版编目（CIP）数据

电气控制技术基础/赵明光，刘明芹主编．—北京：机械工业出版社，2013.12（2026.2 重印）

普通高等教育“十二五”规划教材

ISBN 978-7-111-44710-8

Ⅰ.①电…　Ⅱ.①赵…　②刘…　Ⅲ.①电气控制-高等职业教育-教材
Ⅳ.①TM921.5

中国版本图书馆 CIP 数据核字（2013）第 266766 号

机械工业出版社（北京市百万庄大街 22 号　邮政编码 100037）
策划编辑：余　皞　责任编辑：余　皞　王　荣
版式设计：霍永明　责任校对：樊钟英
封面设计：张　静　责任印制：邓　博
北京中科印刷有限公司印刷
2026 年 2 月第 1 版第 13 次印刷
184mm×260mm ·7.75 印张 ·186 千字
标准书号：ISBN 978-7-111-44710-8
定价：25.80 元

电话服务　　　　　　　　网络服务
客服电话：010-88361066　机　工　官　网：www.cmpbook.com
　　　　　010-88379833　机　工　官　博：weibo.com/cmp1952
　　　　　010-68326294　金　书　网：www.golden-book.com
封底无防伪标均为盗版　机工教育服务网：www.cmpedu.com

序

长期以来，高等教育质量观集中表现为对不同类别、不同层次的学校采取同样的标准，对不同能力趋向、不同类型的学生采取同一规格的静态评价标准。

《国家中长期教育改革和发展规划纲要》明确要求：到2020年，我国的高等教育结构应更加合理，应建立高校分类体系，实行分类管理。要引导高校合理定位，克服同质化倾向，重点扩大技能型、应用型、复合型人才培养规模。普通高等学校完全学分制的教学体制改革，就是在这样的背景下应对科学技术的发展和人才需求结构变化，对于本科培养模式和新的教育教学框架的积极探索。

我国从2002年进入高等教育大众化阶段，多年来，专业规划与培养目标、人才培养模式与教学手段、教育教学体系和教学大纲、理论教学与实践教学的关系无不发生着根本的改变。但是教材建设仍然保持着传统高等教育的惯性，习惯于从学科的角度和专业的高度进行教材规划与建设，追求理论体系的详细与完整，体现出体系丰满、推导详尽、内容繁多的特点；出现了随着教学大纲中计划学时的减少、教材的内容却不能明显减少的背离现象；缺少对于不同培养目标的针对性，难以与高等教育改革同步；形成目前无论是研究型、应用型，还是实用型的教育模式，往往采用的都是研究型教材的局面。

在普通高等学校实行完全学分制的教学体制改革中，普通高等教育机电类实用型人才培养框架没有重复形式化、表面化的模式，打破机电类本科教育的“批量生产原则”，将素质教育作为贯穿于教育全过程的根本原则，规划出基础教育课程体系、专业核心课程体系和综合素质课程体系三级教学平台和完全学分制的必修与选修课程模块，形成以个人知识结构、文化价值观、理解和解决问题能力等方面为基础的相同专业方向不同素质能力的人才培养机制。力求改变高等教育培养的人才仅被教育体制鉴定为合格的现状，实现培养的人才具有适应社会与岗位需求变化的能力，使其被工作实践认定为合格。

“普通高等教育机电类实用型规划教材”是在江苏省一般工科院校机械专业教学指导委员会指导下，基于2009年江苏省高等教育教改立项研究课题“应用型本科院校完全学分制改革的全面探索与研究”，由扬州大学机械工程学院、淮海工学院机械工程学院、淮阴工学院机械工程学院等12所江苏省属高校机械类学院共同成立“普通高等教育机电类实用型规划教材”编委会所组织编写的。首批启动了10门隶属于专业核心平台课程的教材，准备第二批启动13门隶属于综合素质平台课程的教材，基本构成了针对机电类实用型人才培养的教材体系与完全学分制下同一专业不同方向的必修与选修课程网络，反映出以人的全面发展为目标的教育思想。

普通高等教育机电类实用型规划教材，强调多门学科交融，拓宽专业视野，注重课程体系的实践性、综合性及实用性。基于专业知识体系的分析，建立的由不同结构和功能模块组成的课程教学体系，使整个教育内容变得具有可分解、可操作和可组合性。一方面，不同层次的课程内容可以根据专业发展和学生的主体特性灵活配置；另一方面，整体结构上不同模块之间的密切相关性也保证了专业素质培养的系统性，结合不同的实践环节与综合训练，突出培养学生在工作中知识更新能力与动手解决问题的能力。

在教材编写上，突破机电类本科教材体系全、起点高、期望大和内容宽的限制，遵循教育部《国家中长期教育改革和发展规划纲要》的精神，配合实用型机电类人才培养教育教学改革，从培养目标的角度，总结完全学分制教学体制改革的经验，结合机电类不同类型人才需求的比例和知识结构，重新整理规划了培养实用型机电类人才的基本知识框架。

教材力求简明实用，面向实际，突出应用性和适用性、易读易懂、便于自学的风格，有利于培养学生掌握基本理论和应用工程方法解决实际问题的能力。

删繁就简三秋树，领异标新二月花。冲破多少年来机电类高等教育和教材的传统是有压力的。这些压力会来自于从各个不同学科体系角度审视本科教育的惯性思维和希望把每一个接受本科教育者培养成为领域专家的精英式教育方式的延续。真诚地希望随着《国家中长期教育改革和发展规划纲要》的逐步实施，普通高等教育机电类实用型人才培养的完全学分制和与之配套的规划教材在高等教育教学改革中起到应有的作用。

“普通高等教育机电类实用型规划教材”编委会主任

舒小平

前　言

为了适应人才市场的需求，注重应用型工程技术人才的培养，高等工科院校不断实施新的教学计划。本书是为了机械设计制造及其自动化、机械电子工程、机电一体化等专业实施新的教学计划而编写的，选定的内容有常用低压电器、电气控制电路的基本环节、典型机床电气控制电路分析、电气控制系统设计基础、可编程序控制器的工作原理、FX_{2N}系列 PLC 的编程元器件及基本指令、PLC 控制系统设计。每章后附有习题。本书最后还附有电气图常用图形、文字符号新旧对照表和综合测试试卷等。

本书内容结合了专业特点，取材广泛，较好地处理了教学内容的深度和广度，体现了基础性、灵活性和实用性。在深入浅出地阐述了机床电气控制技术的有关基础知识的同时，注意了理论联系实际，注重了培养应用型的工程技术人才。在低压电器章节中，突出了电气元器件的工作原理、在电路中的应用和使用注意事项。在控制电路基本环节章节中，较全面地分析、介绍了各种典型环节电路。在机床电气控制章节中，分析了三种机床的电气控制电路。在电气控制系统设计中，对机床电气控制系统，从设计原则到设计方案的确定，电器的选择、安装与调试等过程都作了详细的阐述，分别以电动机、液压系统、指示灯为控制对象，举例说明了采用继电器—接触器控制系统设计的全过程。在可编程序控制器的原理与应用中，以当今最具特色、最具代表性的三菱FX_{2N}系列超小型可编程序控制器为目标机型，介绍了可编程序控制器的组成、工作原理、编程元件、基本编程指令；并举例介绍了 PLC 在电动机、液压系统、指示灯控制系统中的应用。

本书由淮海工学院赵明光、刘明芹主编，张贤、倪立学担任副主编，淮阴工学院的王玲和高荣参加了编写。其中，赵明光编写了前言和第四章；刘明芹编写了第六章和第七章；王玲编写了第一章；张贤编写了第二章；高荣编写了第三章；倪立学编写了第五章。全书由赵明光统稿。淮阴工学院的侯志伟担任本书的主审，对书稿提出了许多中肯的建议和具有建设性的意见。

本书为普通高等院校机械类专业教学用书，也可作为非工业电气化或自动化专业（如电机电器、电子技术应用、计算机等）相关课程的教学用书。

由于编者的水平有限，书中难免有错误和不妥之处，恳请各位读者批评指正。

编　者

目　录

绪　论

一、机床电力拖动的基本概念及发展概况

各工业生产部门的生产机械设备，基本上都是通过金属切削机床加工生产出来的，因此机床是机械制造业中的主要加工设备。机床的质量、数量及自动化水平，都直接影响到整个机械工业的发展。机床工业发展的水平是一个国家工业水平的重要标志。

生产机械一般由三个基本部分组成，即工作机构、传动机构及原动机。当原动机为电动机时，也就是说，由电动机通过传动机构带动工作机构进行工作时，这种拖动方式就称为电力拖动。

一般地说，电力拖动系统包括将电能转换成机械能，使机器动作的电动机、电气控制装置，以及电动机和机床运动部件相互联系的传动机构。人们总是把电动机以及与电动机有关联的传动机构合并在一起视为电力拖动部分；把满足加工工艺要求，使电动机起动、制动、反向、调速等电气控制和电气操纵部分视为电气控制部分，或为电气自动控制装置。

机床电气自动控制采用各种控制元件、自动装置，对机床进行自动操纵、自动调节转速，按给定程序或自动适应多种条件的随机变化来达到最优的加工方案，以及实现工作循环自动化等。由于数控技术的发展，电子计算机的应用使机床电气自动控制发展到一个新的水平。

机床的拖动装置发展迅速，20 世纪初由于电动机的出现，使机床的动力得到了根本的改变。最初是由电动机直接代替蒸汽机，即由一台电动机拖动一组机床，称之为成组拖动。成组拖动是通过中间机构（天轴）实现能量分配与传递的，机构复杂，传递路径长，损耗大，生产灵活性也小，不适于现代化生产的需要。20 世纪 20 年代，出现了单独拖动形式，即由一台电动机拖动一台机床。由于生产发展的需要，机床在结构上有所改变，床身也增大了，尤其对动作要求相应地增多。这样各种辅助运动若也用同一台电动机拖动，其机械传动机构就变得十分复杂，而且还往往满足不了生产工艺上的要求，因此出现多台电动机分别拖动各运动机构的多电动机拖动方式。多电动机拖动被采用后，不但简化了机床本身的机械结构，提高了传动效率，而且使机床各运动部分能够选择最合理的运动速度，缩短了工时，也便于分别控制，促进了机床的自动化。

在电力拖动的发展史上，交流拖动、直流拖动两种方式是相辅相成交替发展的。由于直流调速性能好，调速范围可相应地扩大，调速精度高，因此在调速指标要求高的场合下，都广泛地采用了直流拖动系统。在 20 世纪 30 年代出现了直流发电机—电动机组的调速系统，以及通过电动机放大机等元器件实现控制的自动直流调速系统。由于晶闸管大功率整流器件的出现，以及变流技术的发展，晶闸管—电动机直流调速系统在机床中已广泛地被应用，在 20 世纪中期以前一直是如此。但是直流电动机不如交流电动机那样结构简单，制造和维护都不方便，价格较昂贵，单机容量、电压等级、转速指标也不如交流电动机高。又由于新型电子器件的出现，促使交流调速的迅速发展。近几十年来发达工业国家已从直流系统向交流

系统转移，在某些国家，交流调速系统的研究已突破关键技术问题，进入了应用及系列化的新时期。交流调速技术在我国的应用，必将促使机床电力拖动及其控制的发展。

二、机床电气控制技术的发展概况

大功率半导体器件、大规模集成电路、计算机控制技术、检测技术及现代控制理论的发展，推动了机床电气控制技术的发展。主要表现为：在控制方法上，从手动操纵发展到自动控制；在控制功能上，从单一功能发展到多功能；在操作上，从紧张、繁重发展到轻巧自如。

在机床电气控制方面，最初采用手动控制，如少数容量小、动作单一的机床（小型台钻、砂轮机等），使用手动操纵电器直接控制。后来由于切削工具、机床结构的改进，切削功率的增大，机床运动的增多，手动控制已不能满足要求，于是出现了以继电器—接触器为主的控制电器所组成的控制装置和控制系统；这种控制系统，可实现对机床的各种运动的控制，如起停、反转、变速等。它们的控制方法简单直接、工作稳定可靠、成本低，使机床自动化迈进了一大步。

随着生产的发展，机床对加工精度、生产效率提出更高的要求。继电器—接触器系统的断续控制方式不能连续、准确地反映信号，很难达到精度的要求。后来又出现了各种可连续控制的控制器件，如电动机放大机、电子管及半导体放大器件，这样就相应地出现了连续控制的自动控制方式及自动控制系统，如电动机放大机控制系统、晶闸管控制系统等。

另一方面，由于继电器、接触器控制装置接线固定、使用的单一性，难以适应复杂和程序可变的控制对象的需要，所以20世纪60年代初就出现了顺序控制器。它的初期是以继电器或触发器作为记忆元件的控制器，即通过编码、逻辑组合来改变程序，满足不同加工程序的需要。这样就使机床控制系统具有更大的灵活性和通用性。它的特点是：通用性强、程序可变、编程容易、可靠性高、使用维护方便等。它被较广泛地应用于机械手、组合机床及生产自动线上，大大提高了机床自动化水平。

近年来，可编程序控制器在工业过程自动化系统中应用日益广泛。可编程序控制器技术是以硬接线的继电器、接触器控制为基础的，逐步发展为既有逻辑控制、计时、计数，又有运算、数据处理、模拟量调节、联网通信等功能的控制装置。它可通过数字式或者模拟式的输入和输出满足各种类型机械控制的需要。可编程序控制器及有关外部设备，都按既易于与工业控制系统联成整体，又易于扩充其功能的原则设计。可编程序控制器将成为生产机械设备中开关量控制的主要电气控制装置。

机床电气自动控制课程，就是研究解决机床电气控制有关问题，阐述机床电气控制原理、实际机床控制电路、机床电气控制电路的设计方法和常用电气元器件的选择，以及可编程序控制器等。本书只涉及最基本、最典型的控制电路及控制实例。电气自动控制是各类机床的重要组成部分，因此对机械制造专业及机床设计人员来说应该掌握机床电气控制基本原理和方法。

第一章　常用低压电器

第一节　低压电器的基本知识

低压电器通常指工作在交流 1200V 以下、直流 1500V 以下电路中的电器。常用的低压电器主要有接触器、继电器、刀开关、断路器、转换开关、行程开关、按钮和熔断器等。

一、低压电器的分类

低压电器种类繁多，功能多样，构造各异，用途广泛。低压电器通常有如下分类。

1. 按用途分

（1）低压配电电器　主要应用于低压配电系统中，要求系统发生故障时动作准确、工作可靠，在规定的条件下具有相应的动稳定性与热稳定性，使电器不会被损坏，如刀开关、转换开关、熔断器、断路器等。

（2）低压控制电器　主要用于电气传动系统中，要求寿命长、体积小、重量轻且动作迅速、准确、可靠，如接触器、继电器等。

（3）低压主令电器　主要用于发送控制指令的电器，如按钮、主令开关、行程开关等。

（4）低压保护电器　主要用于对电路及用电设备进行保护的电器，如熔断器、热继电器、电压继电器、电流继电器等。

（5）低压执行电器　主要用于完成某种动作或传送功能的电器，如电磁铁、电磁离合器等。

（6）可通信电器　带有计算机接口和通信接口，可与计算机网络连接的电器，如智能化断路器、智能化接触器及电动机控制器等。

2. 按动作方式分

（1）自动切换电器　可以依靠自身参数的变化或外来信号的作用，自动完成接通或分断等动作，如接触器、继电器等。

（2）非自动切换电器　主要是用外力（如人力）直接操作来进行切换的电器，如刀开关、转换开关、按钮等。

3. 按执行功能分

（1）有触点电器　有可分离的动触点、静触点，并利用触点的接通和分断来切换电路，如接触器、刀开关、按钮等。

（2）无触点电器　无可分离的触点，主要利用电子元器件的开关效应，即导通和截止，来实现电路的通、断控制，如接近开关、霍尔开关、电子式时间继电器等。

4. 按工作原理分

（1）电磁式电器　根据电磁感应原理来动作的电器，如交流、直流接触器，各种电磁式继电器、电磁铁等。

(2) 非电量控制电器　依靠外力或非电量信号（如速度、压力、温度等）的变化而动作的电器，如转换开关、行程开关、速度继电器、压力继电器、温度继电器等。

二、低压电器的主要技术参数

1. 额定电压

(1) 额定工作电压　规定条件下，保证电器正常工作的电压值。

(2) 额定绝缘电压　规定条件下，用来度量电器及其部件的绝缘强度、电气间隙和漏电距离的标称电压值。除非另有规定，一般为电器最大额定工作电压。

(3) 额定脉冲耐受电压　反映电器当其所在系统发生最大过电压时所能耐受的能力。额定绝缘电压和额定脉冲耐受电压共同决定绝缘水平。

2. 额定电流

(1) 额定工作电流　在规定条件下，保证开关电器正常工作的电流值。

(2) 约定发热电流　在规定条件下试验时，电器处于非封闭状态下，开关电器在八小时工作制下，各部件温升不超过极限值时所能承载的最大电流。

(3) 约定封闭发热电流　电器处于封闭状态下，在所规定的最小外壳内，开关电器在八小时工作制下，各部件的温升不超过极限值时所承载的最大电流。

(4) 额定持续电流　在规定的条件下，开关电器在长期工作制下，各部件的温升不超过规定极限值时所能承载的最大电流值。

3. 操作频率与通电持续率

开关电器每小时可能实现的最高操作循环次数称为操作频率。通电持续率是电器工作于断续周期工作制时的有载时间与工作周期之比，通常以百分数表示。

4. 机械寿命和电寿命

机械开关电器在需要修理或更换机械零件前所能承受的无载操作次数，称为机械寿命。在正常工作条件下，机械开关电器无需修理或更换零件的负载操作次数称为电寿命。对于有触点的电器，其触点在工作中除机械磨损外，尚有比机械磨损更为严重的电磨损。因而，电器的电寿命一般小于其机械寿命。设计电器时，要求其电寿命为机械寿命的20%～50%。

三、低压电器的结构

1. 触点

触点又称为触头，是用来接通或断开被控制电路的，因此要求触点有良好的接触性能。触点工作一定时间后，会在表面生成一层氧化膜影响其导电性能，因此一般通电电流不大的电器（如接触器、继电器等）常采用银质材料作触点，这是因为银的氧化膜电阻率低，可以避免触点表面氧化膜电阻率增加而造成接触不良。

触点的接触形式有点接触、线接触和面接触三种，如图1-1所示。点接触适用于电流不大、触点压力小的场合；面接触适用于大电流的场合；线接触适用于接电次数多，电流大的场合。

触点的结构形式有桥式和指式两类，如图1-2所示。桥式触点有点接触和面接触两种；指式触点一般是线接触，其优点是接通或分断时产生滚动摩擦，能去掉触点表面的氧化膜。

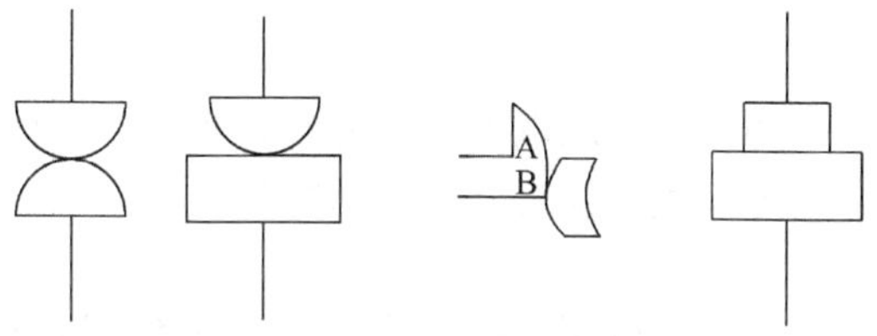

a) 点接触　b) 线接触　c) 面接触

图1-1　触点的接触形式

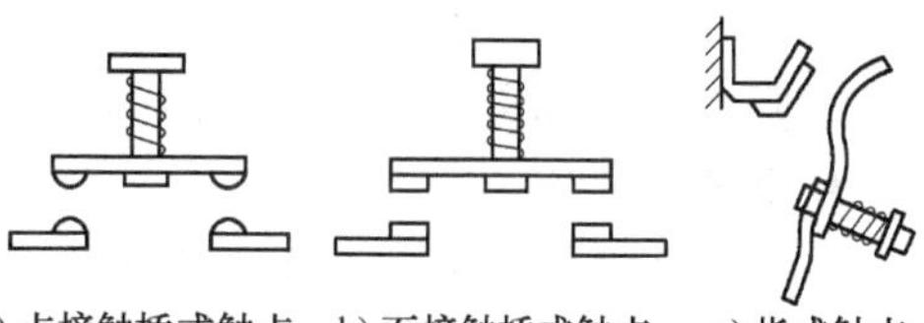

a) 点接触桥式触点　b) 面接触桥式触点　c) 指式触点

图1-2　触点的结构形式

触点按其原始状态可分为常开（动合）触点和常闭（动断）触点，如图1-3所示。原始状态，对于电磁式电器（如接触器、继电器等）是指线圈未通电时的状态；对于非自动电器（如按钮、行程开关等）是指没有受到外力时的状态。原始状态时断开，线圈通电或受到外力作用后闭合的触点叫常开触点；原始状态时闭合，线圈通电或受到外力作用后断开的触点叫常闭触点。线圈断电后所有触点复位，即回复到原始状态。

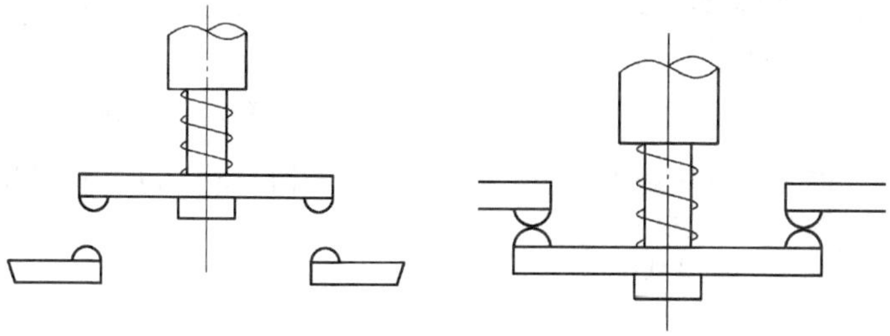

a) 常开触点　b) 常闭触点

图1-3　触点的原始状态

2. 灭弧装置

某些控制较大电流电路的电器需设有灭弧装置，以防止高温烧损触点金属表面，降低电器寿命。电弧实际上是触点间气体在强电场作用下产生的放电现象。在自然环境中开断电路时，如果被开断电路的电流（电压）超过某一数值时（根据触点材料不同，其值约在0.25～1A，12～20V之间），在动、静触点脱离接触时，强电场使触点间隙中的气体游离，产生大量的电子和离子，并作定向运动，形成电弧。

电弧的高温能将触点烧损，并可能造成其他事故，因此，应采用适当措施迅速熄灭电弧，常采用灭弧罩、灭弧栅和磁吹灭弧装置。

3. 操作机构

操作机构用来控制触点的动作，一般由传动机构、定位机构及储能弹簧组成。

第二节　低压开关及低压断路器

一、低压开关

低压开关是低压电器中结构比较简单、应用较广的一类手动电器，主要有刀开关、组合开关、隔离器、隔离开关、熔断器等。下面主要介绍刀开关和组合开关的功能和应用。

1. 刀开关

刀开关在低压电器中，作为不频繁接通和分断电路用，或用来将电路与电源隔离。以下以 HK2 系列刀开关为例对刀开关进行说明。

HK2 系列瓷底胶盖刀开关的结构如图 1-4 所示。

HK2 系列瓷底胶盖刀开关可用做电路的隔离开关、小容量电路的电源开关和小容量电动机非频繁起动的操作开关。开关由熔丝、触刀、触点座、操作手柄和底座组成。在使用时，进线座接电源端导线，出线座接负载端导线，靠触刀与触点座的分合来接通和分断电路。刀开关的图形、文字符号如图 1-5 所示。

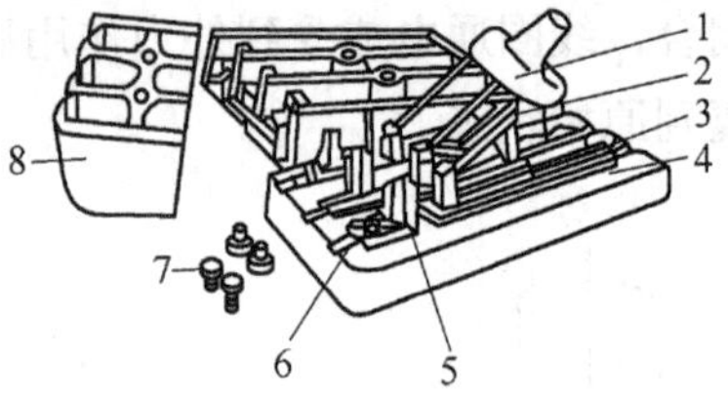

图 1-4　HK2 系列瓷底胶盖刀开关的结构

1—瓷柄　2—动触点　3—出线座

4—瓷底座　5—静触点　6—进线座

7—胶盖紧固螺钉　8—胶盖

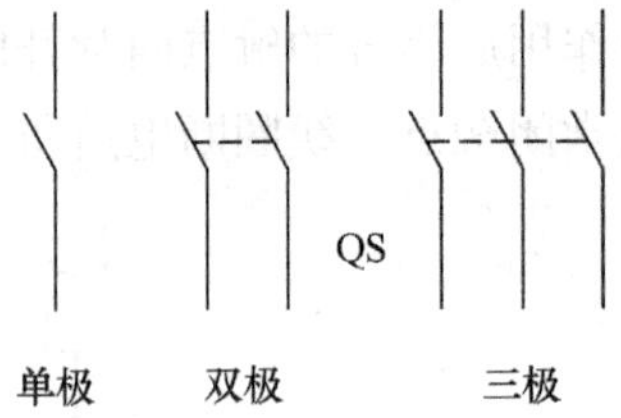

图 1-5　刀开关的图形及文字符号

刀开关安装时，手柄要向上，不得倒装或平装。倒装时手柄有可能因自重下滑而引起误合闸，造成人身安全事故。接线时，应将电源线接在上端，负载线接在熔丝下端。这样拉闸后刀开关与电源隔离，便于更换熔丝。

HK2 系列刀开关的技术数据见表 1-1。

表 1-1　HK2 系列刀开关的技术数据

型号	额定电流/A	极数	额定电压/V	可控制电动机最大容量/kW	熔丝规格
					熔体线径/mm
HK2	10	2	250	1.1	0.25
	15	2	250	1.5	0.41
	30	2	250	2.0	0.56
	15	3	500	3.2	0.45
	30	3	500	4.0	0.71
	60	3	500	5.0	1.12

HR 系列熔断器式刀开关应用也较广泛，常作为电动机的保护和电源开关、隔离开关及应急开关。常用的型号有 HR5、HR11 系列，HR5 系列熔断器式刀开关可与国外同类产品替

换。HR5 系列的熔断器带有撞击器时，任一极熔体熔断后，撞击弹出，通过横杆触动装在底板的微动开关发出信号或切断接触器的控制回路，以实现断相保护。HR5 系列熔断器式刀开关的主要技术参数见表 1-2。

表 1-2　HR5 系列熔断器式刀开关的主要技术参数

型号	约定发热电流/A	配用熔体电流/A 熔断器型号：RT0	额定工作电压/V	额定绝缘电压/V
HR5	100	4～160	380	660
	200	80～250		
	400	125～400	660	
	630	315～630		

2. 组合开关

组合开关又称转换开关，是一种结构更为紧凑的手动电器。它是由装在同一根转轴上的多个单极旋转开关叠装在一起组成的。当转动手柄时，每一动触片即插入相应的静触片中，使电路接通。它可用做电源引入开关，也可用做 5.5kW 以下电动机的直接起动、停止、反转和调速控制开关，主要用于机床控制电路中。图 1-6 为组合开关的外形、结构及图形和文字符号。

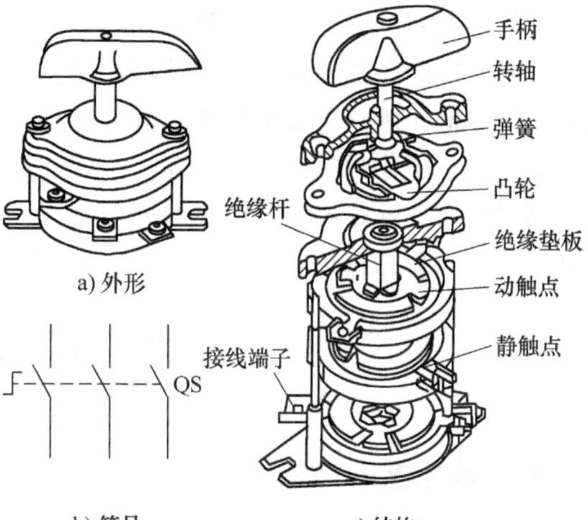

a) 外形　b) 符号　c) 结构

图 1-6　组合开关的外形、结构及图形和文字符号

二、低压断路器

低压断路器过去称自动开关、空气开关，现为了和 IEC 标准一致，改为此名。低压断路器可用来分配电能，不频繁地转换及起动电动机，对线路、电源设备及电动机等实行保护，可具有过载、短路、欠电压等保护功能。

1. 低压断路器的结构及工作原理

低压断路器的结构如图 1-7 所示。低压断路器在使用时，电源线接图中的 A、B、C 端，负载线接触点端。手动合闸后，动、静触点闭合，脱扣连杆 9 被锁扣 7 的锁钩钩住，它又将合闸连杆 5 钩住，将触点保持在闭合状态，发热元件 14 与主电路串联，有电流流过时发出热量，使热脱扣器 6 的下端向左弯曲，发生过载时热脱扣器 6 弯曲到将脱扣锁钩推离脱扣连杆 9，从而松开合闸连杆，动、静触点受脱扣弹簧 3 的作用而迅速分开。电磁脱扣器 8 有一个匝数很少的线圈与主电路串联，发生短路时，它使

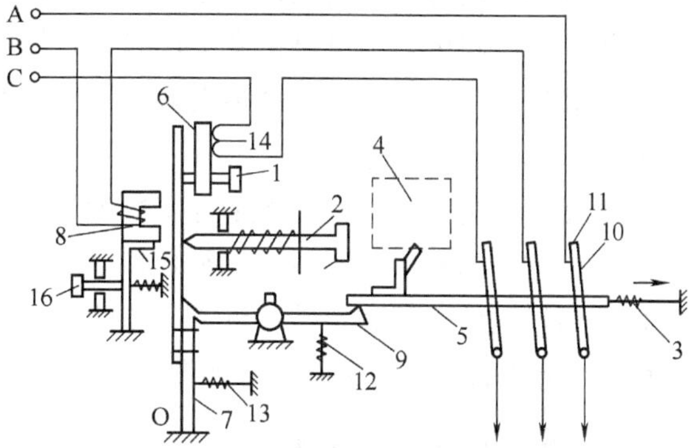

图 1-7　低压断路器的结构原理图

1—热脱扣器的整定按钮　2—手动脱扣按钮　3—脱扣弹簧　4—手动合闸机构　5—合闸连杆　6—热脱扣器　7—锁扣　8—电磁脱扣器　9—脱扣连杆　10、11—动、静触点　12、13—弹簧　14—发热元件　15—电磁脱扣弹簧　16—调节按钮

铁心脱扣器上部的吸力大于弹簧的反力，脱扣锁钩向左转动，最后也使触点断开。同时电磁脱扣器兼有欠电压保护功能。这样断路器在电路发生过载、短路和欠电压时，能起到保护作用。如果要求手动脱扣时，按下按钮2就可使触点断开。脱扣器的脱扣量值都可以进行整定，只要改变热脱扣器所需要的弯曲程度和电磁脱扣器铁心机构的气隙大小就可以了。当低压断路器由于过载而断开后，应等待2~3min才能重新合闸，以使热脱扣器回复原位。

2. 低压断路器的类型及其特点

低压断路器按结构和用途分为塑料外壳式（即装置式）、框架式（即万能式）、限流式、漏电和快速断路器。低压断路器按用途可分为配电用断路器、电动机保护用断路器、照明用微型断路器、剩余电流保护用断路器等。

低压断路器的图形及文字符号如图1-8所示。

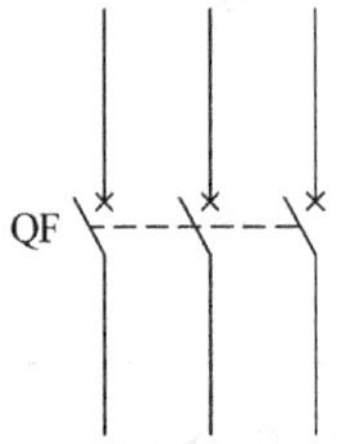

图1-8 低压断路器的图形及文字符号

对于低压断路器来说，只要造成短路都会使开关跳闸，将三相同时切断。低压断路器还有其他自动保护作用，所以性能优越。但它结构复杂、操作频率低、价格高，因此适用于要求较高的场合。在短路电流过大时，熔断器熔断时间要比断路器断开电路时间短，特别是对于只有一相熔断时可使用带单相断开保护的开关，解决短路保护问题。

第三节 熔 断 器

一、熔断器的结构类型

熔断器由熔体（俗称保险丝）和安装熔体的熔管（或熔座）两部分组成。在电路中用做短路保护。其中熔体是主要部分，它既是感测元件又是执行元件，熔体是由低熔点的金属材料（如铅、锡、锌、铜、银及其合金等）制成丝状、带状、片状等；熔管的作用是安装熔体和在熔体熔断时熄灭电弧，一般由陶瓷、绝缘钢纸或玻璃纤维材料制成。熔断器的熔体串接于被保护电路中，当电路正常工作时，熔体通过的电流不会使其熔断，当电路发生短路或严重过载故障时，熔体中通过很大电流，使其发热，当达到熔化温度时熔体自行熔断，切断故障电路，起到保护作用。

熔断器的种类很多，按结构来分有半封闭瓷插式、螺旋式、无填料密封管式和有填料密封管式等，它们的外形如图1-9~图1-12所示。按用途来分有一般工业用熔断器、半导体器件保护用快速熔断器和特殊熔断器（如具有两段保护特性的快慢动作熔断器、自复式熔断器）。熔断器的图形和文字符号如图1-13所示。

二、熔断器的主要参数

（1）额定电压　指熔断器长期工作和分断后能够承受的电压，其值一般等于或大于电气设备的额定电压。

（2）额定电流　指熔断器长期工作时，设备部件温升不超过规定值时所能承受的电流。厂商为了减少熔断管额定电流的规格，熔断器的额定电流等级比较少，而熔体的额定电流等

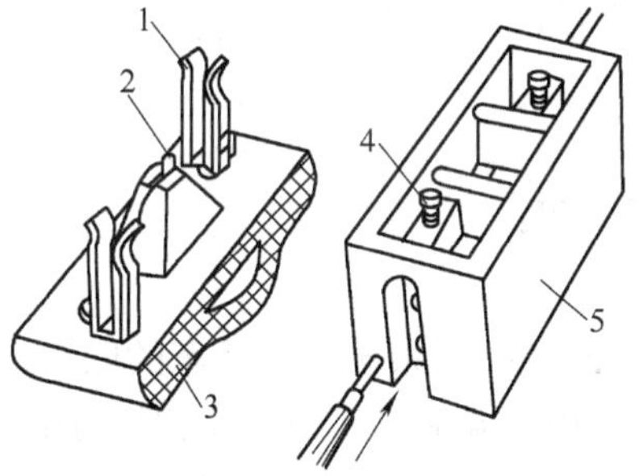

图 1-9 RC1A 系列瓷插式熔断器

1—动触点 2—熔丝 3—磁盖

4—静触点 5—磁底

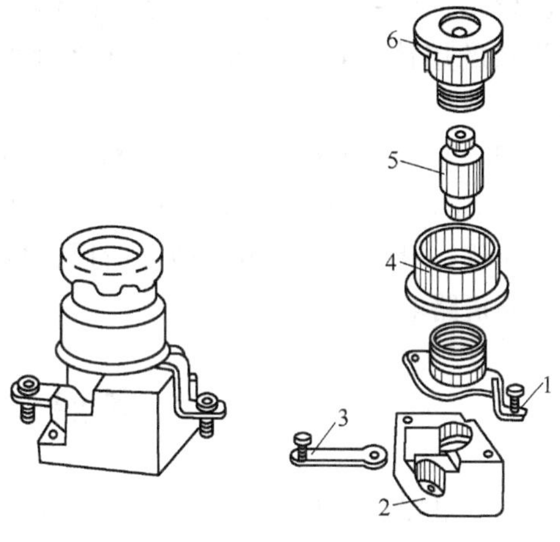

a) 外形　　b) 结构

图 1-10 RL6 系列螺旋式熔断器

1—上接线柱 2—磁底 3—下接线柱

4—磁套 5—熔断器 6—磁帽

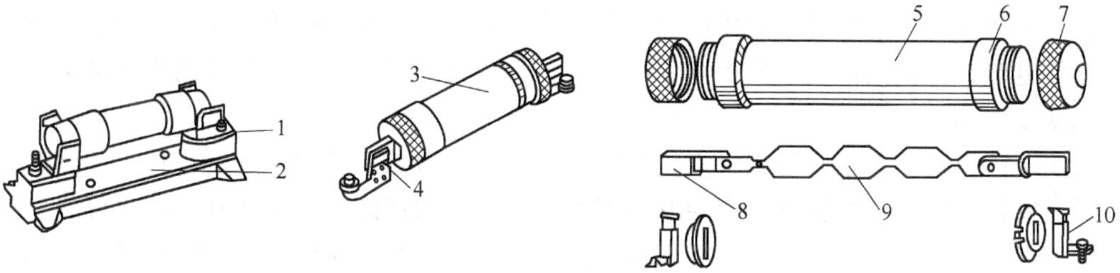

a) 外形　　b) 结构

图 1-11 RM10 系列无填料封闭管式熔断器

1、4—夹座 2—底座 3—熔断器 5—硬质绝缘管 6—黄铜套管 7—黄铜帽 8—插刀 9—熔体 10—夹座

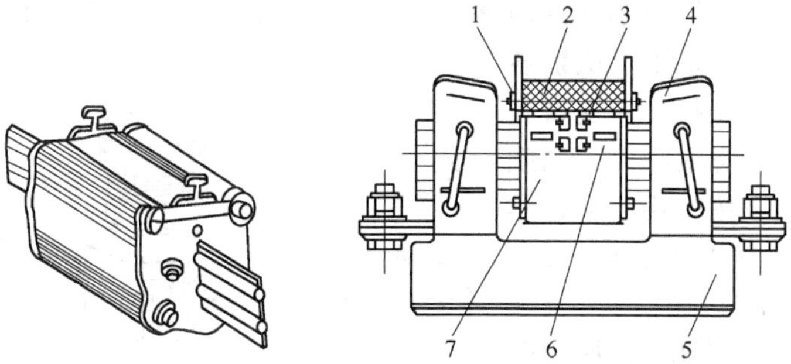

a) 外形　　b) 结构

图 1-12 RT0 有填料密封式熔断器

1—熔断指示器 2—石英砂填料 3—熔丝 4—插刀 5—底座 6—熔体 7—熔管

级比较多，即一个额定电流等级的熔断器适合安装几个额定电流等级的熔体，但熔体的额定电流最大不能超过熔断器的额定电流。

(3) 极限分断能力　是指熔断器在规定的额定电压和功率因数（或时间常数）条件下，能分断的最大电流值，在电路中出现的最大电流值一般是指短路电流值。所以，极限分断能力也反映了熔断器分断短路电流的能力。

图1-13　熔断器的图形及文字符号

第四节　主 令 电 器

主令电器在控制电路中是一种专门用来发布命令、改变控制系统工作状态的电器，用来接通或断开控制电路，控制电动机的起动、停止、制动以及调速等。主令电器应用十分广泛，种类也繁多，常用的有控制按钮、行程开关、万能转换开关、主令控制器和脚踏开关等。

一、控制按钮

控制按钮是一种结构简单使用广泛的手动主令电器，在控制电路中发出手动指令远距离控制其他电器，再由其他电器去控制主电路或转移各种信号，也可以直接用来转换信号电路和电气联锁电路等。

当按下按钮时，先断开常闭触点，然后才接通常开触点。按钮释放后，在复位弹簧作用下使触点复位。所以，按钮常用来控制电器的点动。按钮接线没有进线和出线之分，直接将所需的触点连入电路即可。在没有按动按钮时，接在常开触点接线柱上的线路是断开的，常闭触点接线柱上的线路是接通的；当按下按钮时，两种触头的状态改变，同时也使与之相连的电路状态改变。

控制按钮一般由按钮帽、复位弹簧、触点和外壳等部分组成，其结构如图1-14所示，图形和文字符号如图1-15所示。每个按钮中触点的形式和数量可根据需要装配成1常开1常闭到6常开6常闭形式。控制按钮可做成单式（一个按钮）、复式（两个按钮）和三联式（三个按钮）的形式。为便于识别各个按钮的作用，避免误操作，通常在按钮帽上做出不同标志或涂以不同颜色，表示不同作用。按使用场合、作用不同，通常将按钮帽做成红、绿、黑、黄、蓝、白、灰等颜色。

国标 GB 5226.1—2008 对按钮颜色作如下规定：

1）急停和紧急断开应使用红色。

2）停止/断开应使用黑、灰或白色，优先用黑色，不允许用绿色。

3）作为起动/接通与停止/断开交

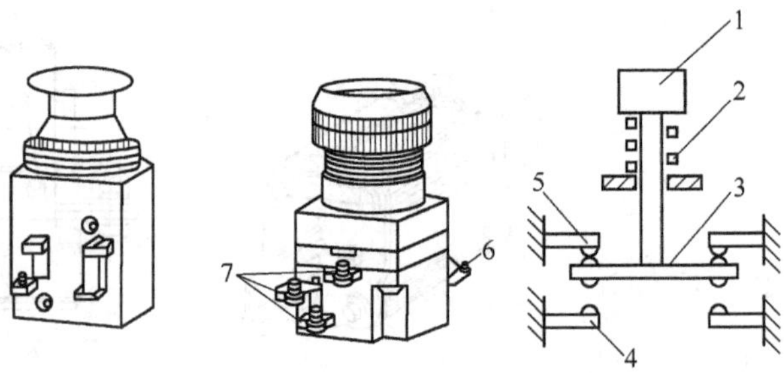

a) 外形　　b) 结构示意图

图1-14　按钮开关

1—按钮帽　2—复位弹簧　3—动触头　4—常开触点的静触点　5—常闭触点的静触点　6、7—触点的接线柱

替操作的按钮优先选白、灰或黑色，不允许用红、黄或绿色。

4）对于按动即引起运转而松开则停止运转的按钮，优先选白、灰或黑色，不允许用红、黄或绿色。

5）复位按钮应为蓝、白、灰或黑色。

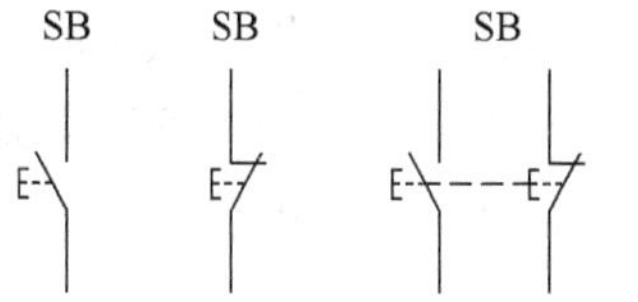

a) 常开　b) 常闭　c) 常开常闭复合

图 1-15　按钮的图形及文字符号

二、行程开关

用于检测工作机械的位置，发出命令以控制其运行方向或行程长短的主令电器，称为行程开关或位置开关。将行程开关安装于生产机械行程终点处，可限制其行程，也称为限位开关或终点开关。

行程开关按结构分为机械结构的接触式有触点行程开关和电气结构的非接触式接近开关。机械结构的接触式行程开关靠移动物体碰撞其可动部件使常开触点接通、常闭触点分断，实现对电路的控制。移动物体（或工作机械）一旦离开，行程开关复位，其触点恢复为原始状态。

行程开关按其结构可分为直动式（如 LX31、JLXK1 系列）、滚轮式（如 LX32、JLXK2 系列）和微动式（如 LXW－11、JLXK1－11 系列）三种。

直动式行程开关的外形及结构原理如图 1-16 所示，它的动作原理与按钮相同。但它的缺点是触点分合速度取决于生产机械的移动速度，当移动速度低于 0.4m/min 时触点分断太慢，易受电弧烧损。为此，应采用有盘形弹簧机构瞬时动作的滚轮式行程开关，如图 1-17 所示。当生产机械的行程比较小而作用力也很小时，可采用具有瞬时动作和微小动作的微动开关，如图 1-18 所示。滚轮式行程开关和微动开关的动作原理不再详述。

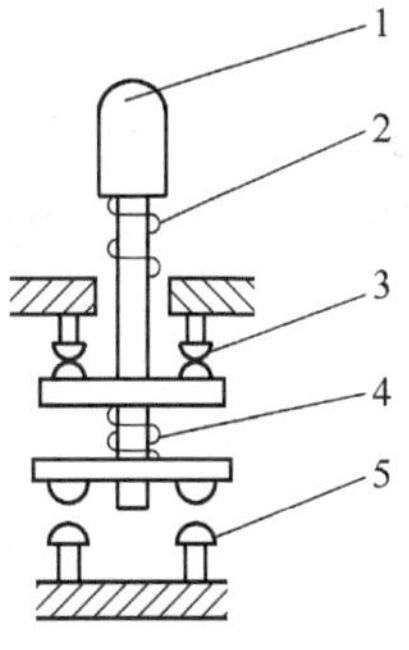

图 1-16　直动式行程开关

1—顶杆　2—弹簧　3—常闭触点　4—触点弹簧　5—常开触点

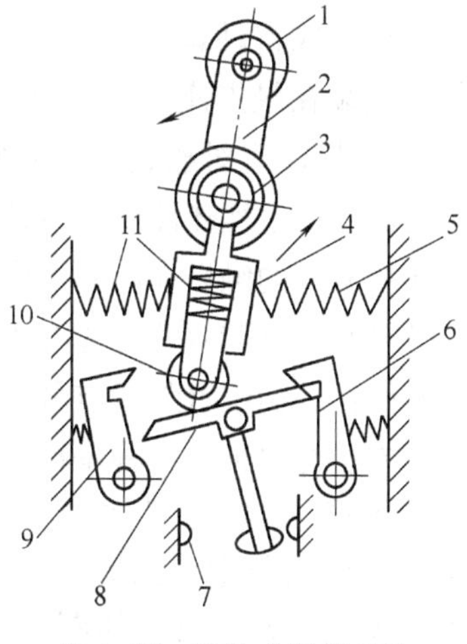

图 1-17　滚轮式行程开关

1—滚轮　2—上轮臂　3、5、11—弹簧　4—套架　6、9—压板　7—触点　8—触点推杆　10—小滑轮

电气结构的非接触式行程开关，也就是接近开关，当生产机械接近它到一定距离范围之内时，它就能发出信号，以控制生产机械的位置或进行计数。与行程开关比较，接近开关具

有定位精度高、操作频率高、寿命长、耐冲击振荡、耐潮湿、能适应恶劣工作环境等优点，因此，在工业生产中逐渐得到推广应用。

行程开关在电路图中的图形及文字符号如图 1-19 所示。

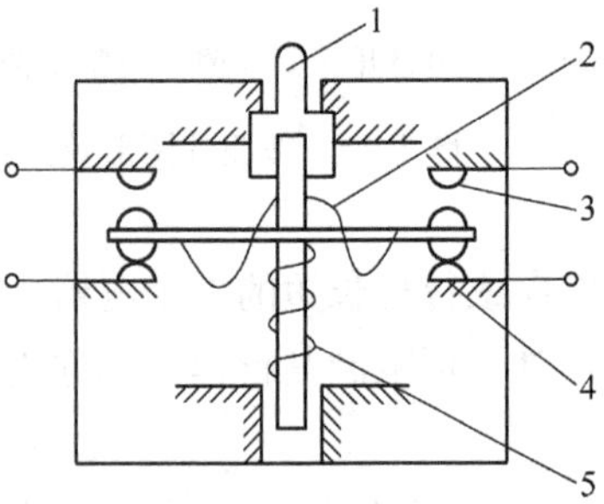

图 1-18　微动行程开关

1—推杆　2—弯形片状弹簧　3—常开触点　4—常闭触点　5—复位弹簧

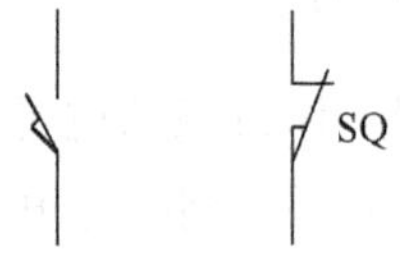

a) 常开触点　b) 常闭触点

图 1-19　行程开关的图形及文字符号

三、万能转换开关

万能转换开关是一种多挡式、控制多回路的主令电器。它由操作机构、定位装置和触点等三部分组成。目前，用得最多的万能转换开关产品有 LW5 和 LW6 两个系列。LW5 系列万能转换开关如图 1-20 所示。

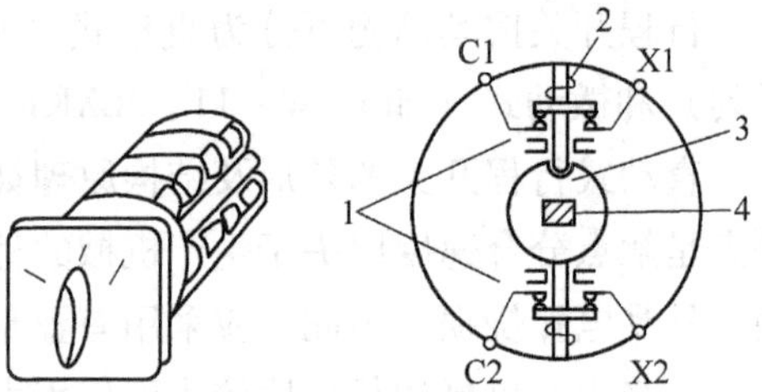

a) 外形图　b) 结构原理图

图 1-20　LW5 系列万能转换开关

1—触点　2—触点弹簧　3—凸轮　4—转轴

LW5 系列转换开关的触点为双断点桥式结构，动触点设计成自动调速式以保证通断时的同步性。静触点装在触点座内。每个由胶木压制的触点座内可安装 2 ~ 3 对触点，且每组触点上还有隔弧装置。触点的通断由凸轮控制，为了适应不同的需要，手柄还能做成带信号灯的、钥匙型的等多种形式。

万能转换开关的触点在电路图中的图形符号如图 1-21 所示，其文字符号为 SA。但由于其触点的分合状态是与操作手柄的位置有关的，所以，在电路图中除画出触点图形符号之外，还应有操作手柄位置与触点分合状态的说明。其表示方法有两种，一种是标记表示，在电路图中画虚线和画“·”的方法，即用虚线表示操作手柄的位置，用有无“·”表示触点是闭合还是打开状态，如图 1-21a 所示。另一种方法是接通表表示，在电路和图中既不画虚线也不画“·”，而是在触点图形符号上标出触点编号，再用接通表表示操作手柄在不同位置时的触点分合状态，如图 1-21b 所示。

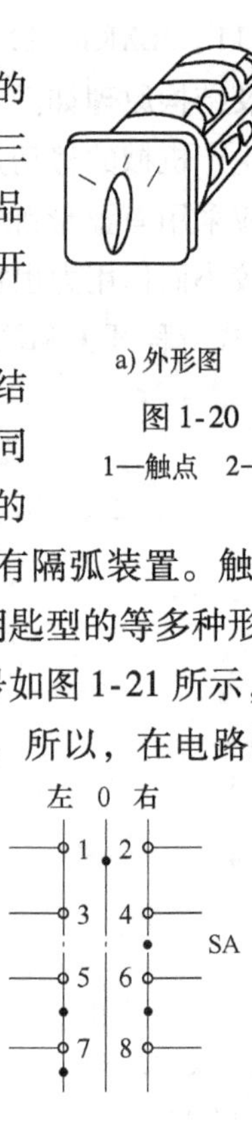

a) 标记表示

触点	位置		
	左	0	右
1–2		+	
3–4			+
5–6	+		+
7–8	+		

b) 接通表表示

图 1-21　万能转换开关的图形符号

在接通表中用有无“+”来表示操作手柄在不同位置时触点是否闭合。

万能转换开关主要用于低压断路操作机构的合闸与分闸控制、各种控制电路的转换、电压和电流表的换相测量、配电装置线路转换和遥控等，还可作为小容量电动机的起动、调速和换向控制用。由于万能转换开关的通断能力不高，当用来直接控制电动机时，只能控制小容量电动机。

第五节　接　触　器

接触器是电力拖动和自动控制系统中使用量大，涉及面广的一种低压控制电器，用来频繁地接通和分断交直流主回路和大容量控制电路。主要控制对象是电动机，能实现远距离控制，并具有欠（零）电压保护。下面主要介绍交流接触器。

一、结构和工作原理

（一）结构

接触器主要由电磁系统、触点系统和灭弧装置组成，结构简图如图1-22所示。

1. 电磁系统

电磁系统包括动铁心（衔铁）、静铁心和电磁线圈三部分，其作用是将电磁能转换成机械能，产生电磁吸力带动触点动作。根据衔铁相对铁心的运动方式，电磁机构可分为直动式和拍合式两种，如图1-23及图1-24所示。在图1-24中，拍合式又可分为衔铁沿棱角转动和衔铁沿轴转动两种。吸引线圈的作用是将电能转换为磁能，按通入电流种类不同可分为直流线圈和交流线圈。

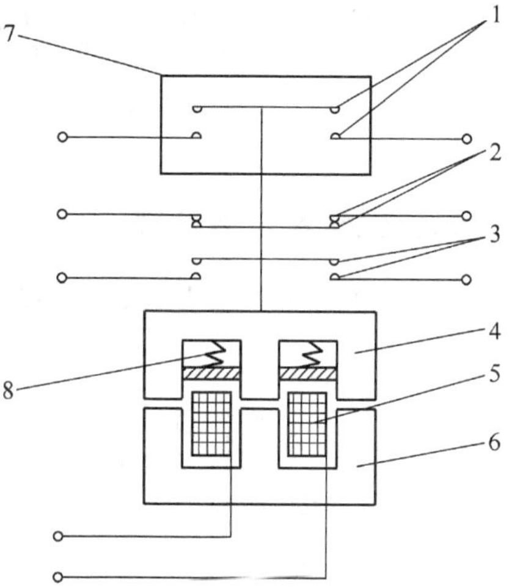

图1-22　接触器结构简图

1—主触点　2—常闭辅助触点　3—常开辅助触点　4—动铁心　5—电磁线圈　6—静铁心　7—灭弧罩　8—弹簧

2. 触点系统

接触器的触点按所控制的电路可分为主触点和辅助触点。主触点用于接通或断开电流较大的主电路，体积较大，一般由三对常开触点组成；辅助触点只能通过较小的电流，用于接通或断开控制电路，体积较小，有常开和常闭两种。

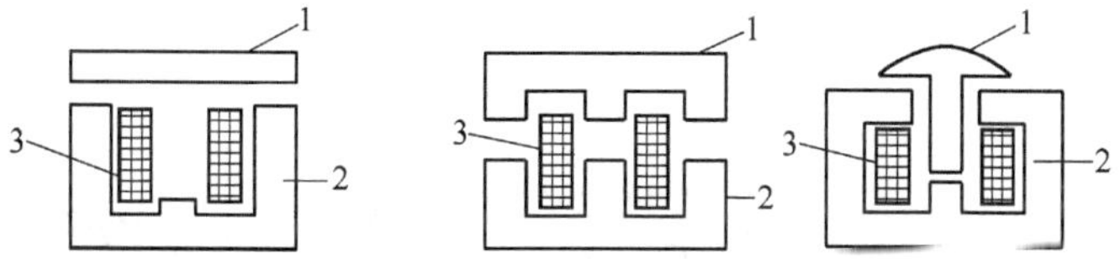

图1-23　直动式电磁机构

1—衔铁　2—铁心　3—吸引线圈

3. 灭弧装置

接触器的主触点用于控制较大电流的主电路，因此在主触点周围设有灭弧装置。

（二）工作原理

接触器根据电磁原理工作：当电磁线圈通电后，线圈电流产生磁场，使静铁心产生电磁吸力吸引衔铁，并带动触点动作，使常闭触点断开，常开触点闭合，两者是联动的。当线圈断电时，电磁力消失，衔铁在弹簧的作用下释放，使触点复原，即常开触点断开，常闭触点闭合。接触器的图形符号、文字符号如图 1-25 所示。

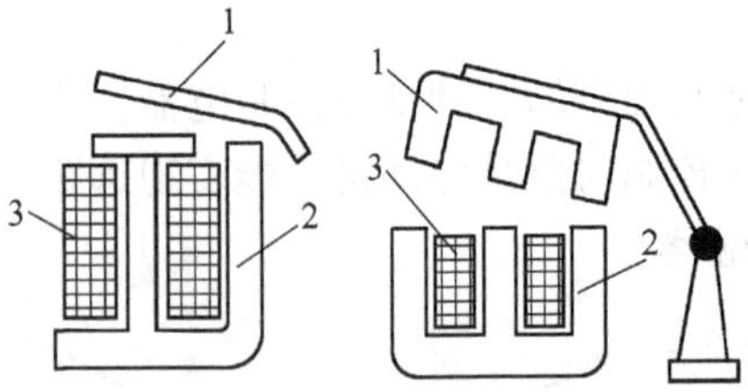

图 1-24　拍合式电磁机构

1—衔铁　2—铁心　3—吸引线圈

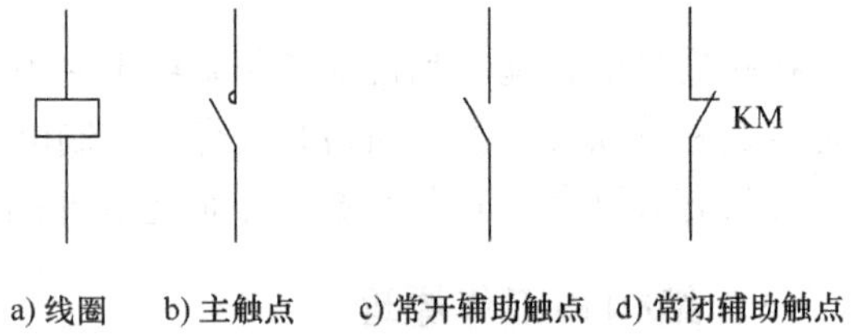

图 1-25　接触器的图形和文字符号

二、型号及技术参数

交流接触器的型号表示如图 1-26 所示。

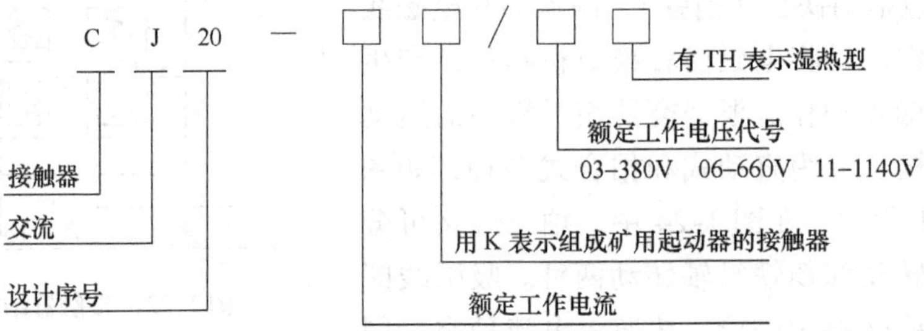

图 1-26　交流接触器的型号表示

部分交流接触器的主要技术参数见表 1-3 和表 1-4。

表 1-3　CJ20 系列交流接触器的主要技术参数

型号	频率/Hz	辅助触点额定电流/A	吸引线圈电压/V	主触点额定电流/A	额定电压/V	可控制电动机最大功率/kW
CJ20 - 10				10		4/2.2
CJ20 - 10				16		7.5/4.5
CJ20 - 10				25		11/5.5
CJ20 - 10				40		22/11
CJ20 - 10	50	5	AC 36、127 220、380	63	380/220	30/18
CJ20 - 10				100		50/28
CJ20 - 10				160		85/48
CJ20 - 10				250		132/80
CJ20 - 10				400		220/115

表 1-4　CJ12 系列交流接触器的主要技术参数

型号	额定电流/A	极　数	额定电压	辅助触点		线圈
				容量	对数	额定电压/V
CJ12－100	100	1、3、5、7	AC 380V	交流 1000W/380V 直流 90W/220V	6 对常开与常闭触点，可任意组合	AC 36、127、220、380
CJ12－150	150					
CJ12－250	250					
CJ12－400	400					
CJ12－600	600					

三、接触器的应用实例

图 1-27 所示为三相异步电动机起动、停止的电气控制电路。将三相异步电动机通过接触器的三对主触点和刀开关与电源相连，接触器的线圈通过停止按钮（常闭触点）和起动按钮（常开触点）与电源的任意两相相连，将接触器的常开辅助触点并联在起动按钮的两端。工作过程为：闭合刀开关，将三相电源引入，按下起动按钮，接触器线圈得电，电磁机构带动主触点闭合，完成电动机的起动，同时接触器的辅助常开触点闭合，保证在起动按钮松开后接触器线圈保持通电；按下停止按钮，接触器线圈断电，主触点和常开辅助触点断开，电动机断电，完成电动机的停止。

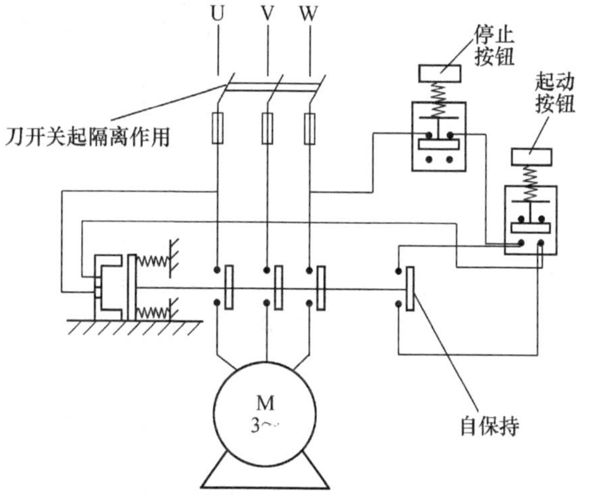

图 1-27　三相异步电动机的起动、停止控制

四、直流接触器

直流接触器主要用于直流电力线路中，实现远距离接通与分断电路及直流电动机的频繁起动、停止或反接制动控制，以及频繁接通和断开起重电磁铁、电磁阀、离合器和电磁线圈等。常用产品有 CZ18、CZ20、CZ21 和 CZ22 等。其型号意义如图 1-28 所示。

直流接触器的结构、工作原理与交流接触器基本相同，其基本结构如图 1-29 所示。它主要由线圈、铁心、衔铁、触点、灭弧装置等组成。不同的是除触点电流和线圈电源为直流外，其触点大都采用滚动接触的指形触点，辅助触点采用点接触的桥式触点，铁心采用整块铸钢或铸铁制成；线圈做成长而薄的圆筒状。为保证衔铁能可靠释放，磁路中通常夹有非磁性垫片，以减少剩磁影响。

直流接触器的主触点在断开直流大电流时，也会产生强烈的电弧，因此要求直流接触器具有一定的灭弧功能。

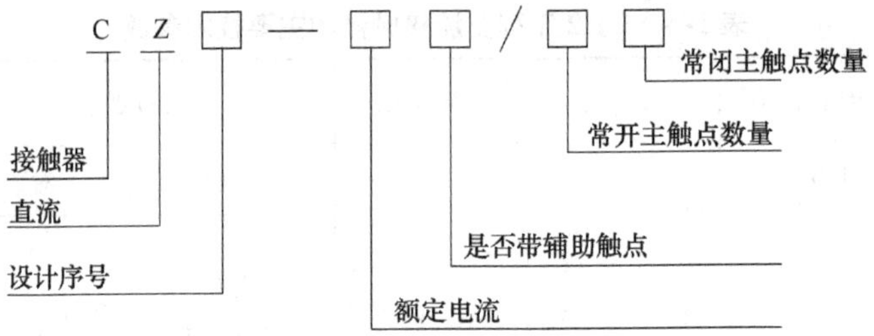

图 1-28　直流接触器的型号表示

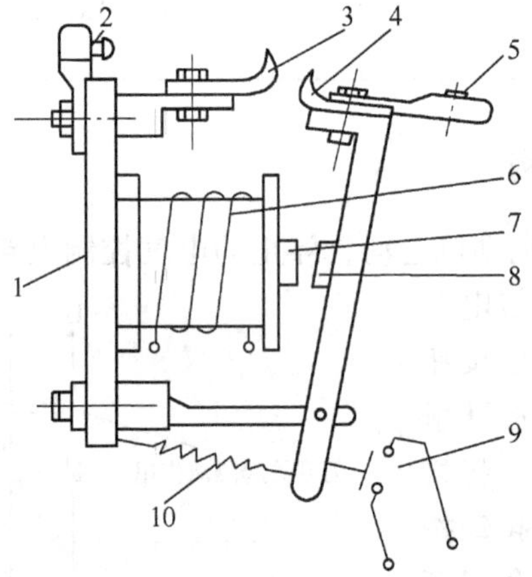

图 1-29　直流接触器的基本结构

1—底板　2、5—接线柱　3—静触点　4—动触点　6—线圈

7—铁心　8—衔铁　9—辅助触点　10—反作用弹簧

第六节　继　电　器

继电器主要用于控制与保护电路中作信号转换用。它具有输入电路（又称感应元件）和输出电路（又称执行元件），当感应元件中的输入量（如电流、电压、温度、压力等）变化到某一定值时继电器动作，执行元件便接通和断开控制回路。

控制继电器种类繁多，常用的有电磁继电器（电流继电器、电压继电器、中间继电器）、时间继电器、热继电器以及温度、压力、计数、频率继电器等。图 1-30 为电磁继电器的典型结构。

一、电磁式继电器

1. 电压继电器

电磁式电压继电器的线圈并联在电路中，用来反映电路电压的高低，其触点动作与线圈电压大小直接有关。电压继电器是一种保护电器，在电力拖动控制系统中起电压保护和控制作用，按线圈吸合电压与额定电压相对比的大小分为过电压继电器和欠电压继电器。

（1）过电压继电器　在电路中用于过电压保护：当线圈电压为额定电压时，衔铁不吸合，线圈的电压高于其额定电压时，衔铁才吸合，依靠其常闭触点的断开来断开电路，实现对电路的过电压保护。因为直流电路一般不会出现过电压，所以只有交流过电压继电器，其

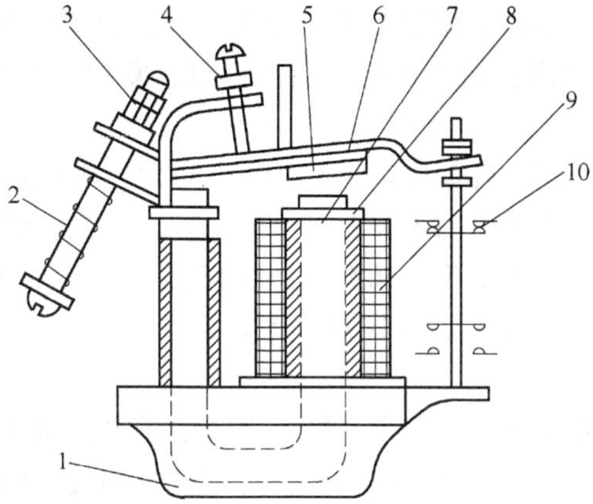

图 1-30　电磁继电器的典型结构

1—底座　2—反力弹簧　3、4—调整螺钉　5—非磁性垫片
6—衔铁　7—铁心　8—极靴　9—电磁线圈　10—触点系统

动作电压整定范围为（105% ~120%）U_N。

（2）欠电压继电器　用于电路的欠电压或零电压保护。电路正常工作时，欠电压继电器吸合；当电路电压降低到（30% ~50%）U_N时，线圈释放，依靠其常开触点的复位来断开电路，实现对电路的欠电压保护。

零电压继电器是当电路电压降低到（5% ~25%）U_N时释放，对电路实现零电压保护。

电压继电器的图形及文字符号如图 1-31 所示。

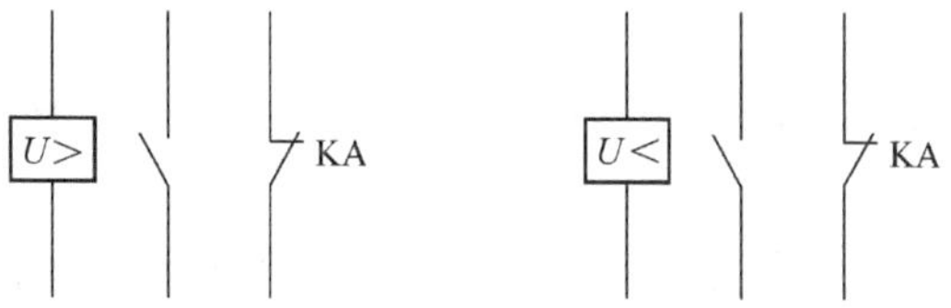

a) 过电压继电器　　b) 欠电压继电器

图 1-31　电压继电器的图形及文字符号

2. 电流继电器

电磁式电流继电器的线圈串联在电路中，用来反映电路电流的大小，其触点动作与否与线圈电流大小直接有关。按线圈电流种类分为交流电流继电器与直流电流继电器；按吸合电流大小分为过电流继电器和欠电流继电器。它是一种保护电器，分别对电路起到过电流和欠电流保护作用。

（1）过电流继电器　主要用于频繁、重载起动场合作为电动机的过载和短路保护。过电流继电器的线圈串联在主电路中，当通过的电流为额定电流时，所产生的电磁吸力不足以克服反作用弹簧力，常闭触点保持闭合状态；当通过线圈的电流超过整定值时，电磁吸力大于反作用弹簧力，铁心吸引衔铁使常闭触点分断，切断控制电路，从而对电路起到过电流保护作用。调节反作用弹簧力，可调节过电流继电器的整定电流。

通常，交流过电流继电器的吸合电流为（110% ~350%）I_N，直流过电流继电器的吸合电流为（70% ~300%）I_N。

（2）欠电流继电器　欠电流继电器在电路中起欠电流保护作用。电路正常工作时，欠电流继电器的线圈通过所在回路的额定电流，衔铁吸合，带动触点动作，使常开触点闭合；当回路电流降低至继电器线圈释放电流时，衔铁释放，复位弹簧使触点复位，常闭触点断开，从而断开控制电路。

在直流电路中，负载电流的降低或消失，往往会导致严重后果，因此需要用直流欠电流继电器进行欠电流保护。而交流电路不需要欠电流保护，也就没有交流欠电流继电器。

直流欠电流继电器的吸合电流为（30% ~65%）I_N，释放电流为（10% ~20%）I_N。

电流继电器的图形及文字符号如图 1-32 所示。

3. 中间继电器

中间继电器原理与接触器相同，只是其触点系统中无主、辅触点之分，触点容量相同。

中间继电器的触点容量较小，对于电动机额定电流不超过 5A 的电气控制系统，也可代替接触器来控制，所以，中间继电器也是小容量的接触器。

中间继电器主要适用于以下两方面：

1）电压或电流继电器触点容量不够时，可借助中间继电器来控制，用中间继电器作为执行元件，这时中间继电器被当作一级放大器用。

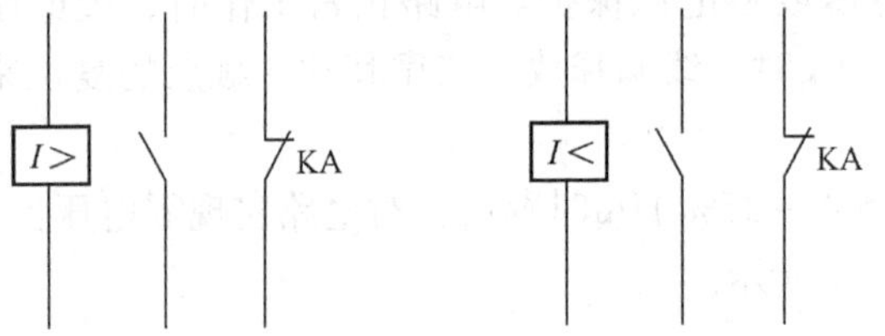

a) 过电流继电器　　b) 欠电流继电器

图 1-32　电流继电器的图形及文字符号

图 1-33　中间继电器的图形及文字符号

2）当其他继电器或接触器触点数量不够时，可利用中间继电器来切换多条电路。

中间继电器的图形及文字符号如图 1-33 所示。

常用的中间继电器有 JZ15、JZ17、JZ18 等系列，以 JZ18 -22 为例，JZ 为中间继电器的代号，18 为设计序号，22 为触点组合形式。表 1-5 为 JZ18 系列的主要技术数据。

表 1-5　JZ18 系列中间继电器的主要技术数据

型号	触点参数				操作频率/（次/h）	线圈消耗功率/W	线圈电压/V
	常开	常闭	电压/V	电流/A			
JZ18 -22	2	2	交流：380；直流：220	6	1200	12	交流：36，（110），127，220，380
JZ18 -31	3	1					
JZ18 -33	3	3					
JZ18 -40	4	0					
JZ18 -42	4	2					
JZ18 -51	5	1					
JZ18 -60	6	0					

二、时间继电器

时间继电器主要用于需要按时间顺序进行控制的电气控制系统中，它接收控制信号后，使触点能够按要求延时动作。从得到输入信号（即线圈通电或断电）开始，经过一定的延时后才输出信号（延时触点状态变化）。时间继电器可分为通电延时型和断电延时型。通电延时型当接收输入信号后延迟一定时间，输出信号才发生变化；当输入信号消失后，输出瞬时复原。断电延时型当接收输入信号时，瞬时产生相应的输出信号；当输入信号消失后，延迟一定的时间，输出信号才复原。

时间继电器种类很多，常用的有电磁式、空气阻尼式、电动式和电子式等。目前用得最多的是电子式。

空气阻尼式时间继电器是利用空气阻尼原理达到延时的目的。它由电磁机构、延时机构和触点组成。其中电磁机构有交流、直流两种。延时方式有通电延时型和断电延时型，两种原理和结构均相同，只是将其电磁机构翻转180°安装。当衔铁位于铁心和延时机构之间时为通电延时型；当铁心位于衔铁和延时机构之间时为断电延时型。JSK4系列时间继电器的结构如图1-34所示。

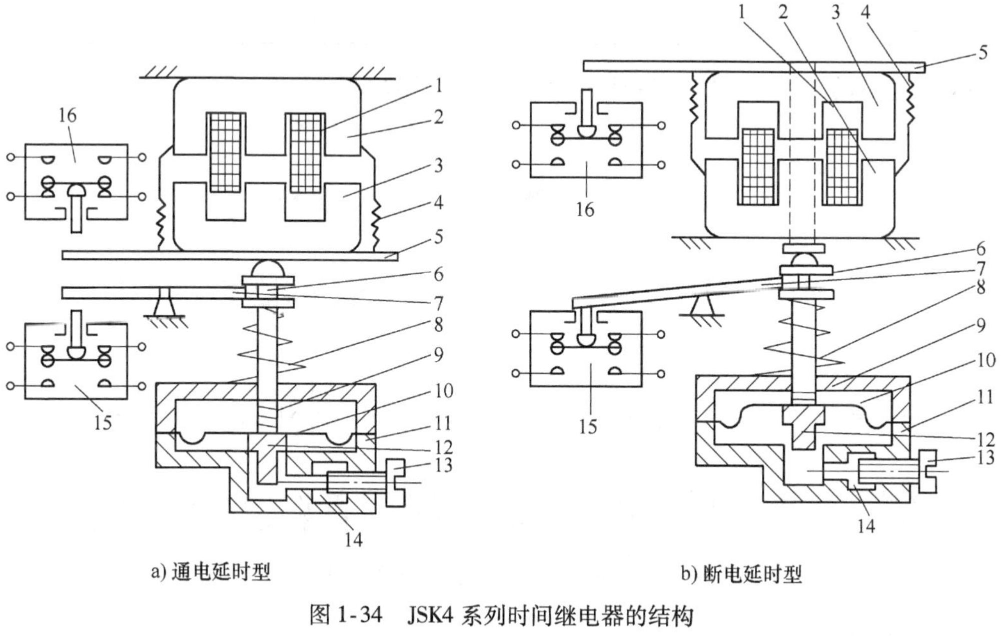

图1-34　JSK4系列时间继电器的结构

1—线圈　2—铁心　3—衔铁　4—反力弹簧　5—推板　6—活塞杆　7—杠杆　8—塔形弹簧
9—弱弹簧　10—橡皮膜　11—空气室壁　12—活塞　13—调节螺钉　14—进气孔　15、16—微动开关

现以通电延时型为例说明其工作原理。当线圈1得电后，衔铁3吸合，活塞杆6在塔形弹簧8的作用下带动活塞12及橡皮膜10向上移动，橡皮膜下方空气室的空气变得稀薄，形成负压，活塞杆只能缓慢移动，其移动速度由进气孔气隙大小来决定。经一段延时后，活塞杆通过杠杆7压动微动开关15，使其触点动作，起到通电延时作用。

当线圈断电时，衔铁释放，橡皮膜下方空气室内的空气通过活塞肩部所形成的单向阀迅速地排出，使活塞杆、杠杆、微动开关等迅速复位。由线圈得电至触点动作的一段时间即为时间继电器的延时时间，其大小可以通过调节螺钉 13 调节进气孔气隙大小来改变。

在线圈通电和断电时，微动开关 16 在推板 5 的作用下都能瞬时动作，其触点即为时间继电器的瞬动触点。

空气阻尼式时间继电器的优点是：延时范围大、结构简单、寿命长、价格低廉。缺点是：延时误差大，没有调节指示，很难精确的整定延时值。在延时精度要求高的场合，不宜使用。国产 JSK 系列空气阻尼式时间继电器技术数据见表 1-6。

表 1-6　国产 JSK 系列空气阻尼式时间继电器技术数据

型号	瞬时动作触点数量		有延时的触点数量				触点额定电压/V	触点额定电流/A	延时范围/s
			通电延时		断电延时				
	常开	常闭	常开	常闭	常开	常闭			
JSK－3/1	2	2	1	1			~660	10	0.1～0.3
JSK－3/2	2	2			1	1			
JSK－60/1	2	2	1	1					0.1～60
JSK－60/2	2	2			1	1			
JSK－180/1	2	2	1	1					10～180
JSK－180/2	2	2			1	1			

时间继电器的图形符号如图 1-35 所示，文字符号为 KT。

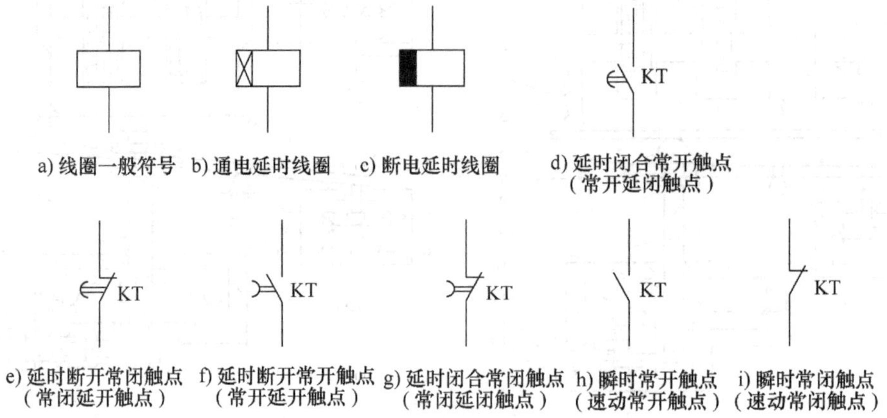

图 1-35　时间继电器的图形及文字符号

三、热继电器

热继电器对连续运行的电动机作过载及断相保护，可防止因过热而损坏电动机的绝缘材料。由于热继电器中的发热元件有热惯性，在电路中不能作瞬时过载保护，更不能作短路保护，因此，它不同于过电流继电器和熔断器。按相数来分，热继电器有单相、两相和三相三种类型，每种类型按发热元件的额定电流又有不同的规格和型号。三相式热继电器常用于三相交流电动机的过载保护。按功能来分，三相式热继电器又有不带断相保护和带断相保护两种类型。

热继电器主要由热元件、双金属片和触点三部分组成。热继电器中产生热效应的发热元件应串接于电动机绕组电路中，这样，热继电器便能直接反映电动机的过载电流。但其触点应接在控制电路中，其触点一般有常开和常闭两种，作过载保护用时常使用其常闭触点串联在控制电路中。双金属片是热继电器的感测元件。所谓双金属片，就是将两种线膨胀系数不同的金属片以机械辗压方式一体成型。膨胀系数大的称为主动片，膨胀系数小的称为被动片。双金属片受热后产生线膨胀，由于两层金属的膨胀系数不同，且两层金属又紧紧地粘合在一起，因此使得双金属片向被动片一侧弯曲，由双金属片弯曲产生的机械力便带动触点动作。图 1-36 是热继电器的结构原理图。使用时，热元件 3 串接在电动机定子绕组中，电动

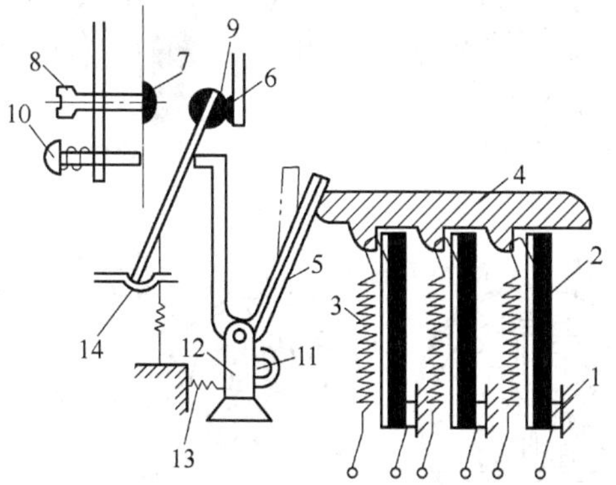

图 1-36　热继电器的结构原理图

1—热元件的一固定端　2—双金属片　3—热元件　4—导板　5—补偿双金属片　6、9—触点
7—常开触点静触点　8—整定螺钉　10—按钮　11—调节旋钮　12—支撑件　13—压簧　14—推杆

机绕组电流即为流过热元件的电流。当电动机正常运行时，热元件产生的热量虽能使双金属片 2 弯曲，但还不足以使继电器动作；当电动机过载时，热元件产生的热量增大，使双金属片弯曲位移增大，经过一定时间后，双金属片弯曲到推动导板 4，并通过补偿双金属片 5 与推杆 14 将触点 9 和 6 分开，触点 9 和 6 为热继电器串于接触器线圈回路的常闭触点，断开后使接触器失电，接触器的常开触点断开电动机的电源以保护电动机。调节旋钮 11 是一个偏心轮，它与支撑件 12 构成一个杠杆，13 是一压簧，转动偏心轮，改变它的半径即可改变补偿双金属片 5 与导板的接触距离，达到调节整定动作电流的目的。此外，靠调节复位螺钉来改变常开触点的位置使热继电器能工作在手动复位和自动复位两种工作状态。调试手动复位时，在故障排除后要按下按钮 10 才能使动触点恢复与静触点相接触的位置。

在电气原理图中，热继电器的发热元件和触点的图形符号如图 1-37 所示。

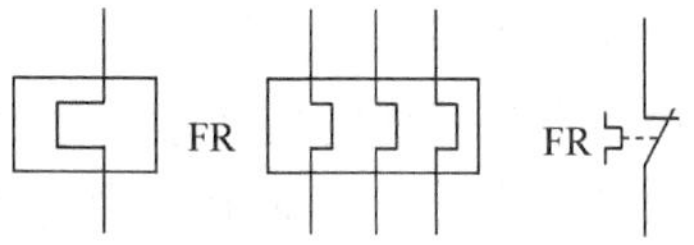

a) 热元件　　b) 触点

图 1-37　热继电器的图形及文字符号

四、速度继电器

速度继电器主要由转子、定子和触点三部分组成，转了是一个圆柱形永久磁铁，定子是 个笼型空心圆环，由硅钢片叠成，并装有笼型绕组。JY1 系列速度继电器的外形及结构如图 1-38 所示，其转子与电动机轴相连接。当电动机转动时，速度继电器的转子随之转动，定子内的短路绕组便切割磁场，产生感应电动势，从而产生电流；此电流与旋转的转子磁场作用产生转矩，于是定子开始转动；当转到一定角度时，装在定子轴上的摆

锤推动簧片动作，使常闭触点断开，常开触点闭合。当电动机转速低于某一值时，定子产生的转矩减小，触点在弹簧作用下复位。速度继电器一般具有正向运转时动作的常开、常闭触点和反向运转时动作的常开、常闭触点。当电动机以额定转速正向运转时，定子偏转使正向常开触点闭合，常闭触点断开，同时接通和断开与它们相连的电路；当正向运转速度接近零速时，定子复位，使常开触点断开，常闭触点闭合，同时与其相连的电路也改变状态。当电动机反向运行时，定子向反方向偏转，使反向动作触点在额定转速和接近零速时动作，动作过程与正向相同。

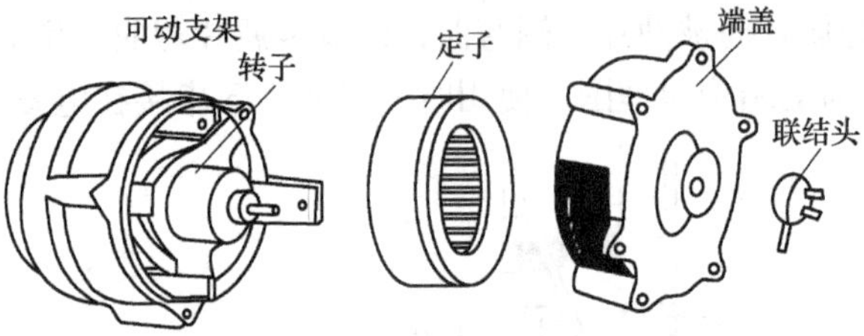

a) 外形

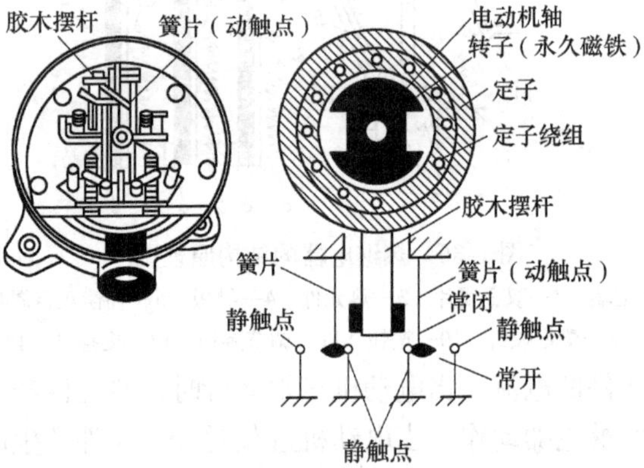

b) 结构

图 1-38　JY1 系列速度继电器的外形及结构

通常当速度继电器转轴转速达到 120r/min 以上时，触点动作；当转轴转速低于100r/min时，触点复位。JY1 系列速度继电器可在 700 ~ 3600r/min 范围内能可靠地工作。

速度继电器图形和文字符号如图 1-39 所示。

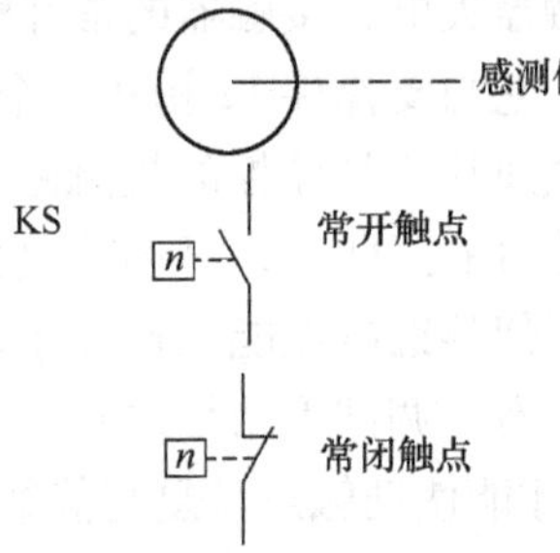

图 1-39　速度继电器的图形和文字符号

习　题

1.1　常用低压电器按用途怎样分类？

1.2　电磁式电器由哪几部分组成？各有何作用？

1.3　按钮由哪几部分组成？按钮的触点有何特点？在电路中的作用是什么？

1.4　交流接触器由哪几部分组成？说明各部分的作用。

1.5　电压继电器和电流继电器各在电路中起什么作用？其线圈如何接入电路？

1.6　在电气控制电路中，既装有熔断器，又装有热继电器，各起什么作用？能否相互替代？为什么？

第二章　电气控制电路的基本环节

第一节　电气制图及电路图分类

电气控制系统是由电气设备及电气元器件按一定的要求连接而成的，为了表达电气控制系统的组成结构及工作原理，同时也为了电气系统的安装、调试和检修，必须用统一的工程语言即工程图的形式来表达，这种工程图称为电气控制系统图。常用的电气控制系统图有三种：电气原理图、电气元器件布置图和安装接线图。电气控制系统图是根据国家标准，用规定的文字符号、图形符号及规定的画法绘制而成。

一、图形符号和文字符号

电气图示符号有图形符号、文字符号及回路标号等。国家规定从 1990 年 1 月 1 日起，电气图中的文字符号和图形符号必须符合最新国家标准。在附录 A 中给出了电气图常用图形、文字符号的新旧对照表。

二、电气原理图

电气原理图也称为电路图，它是根据电路工作原理绘制的。可用于分析系统的组成和工作原理，并可为寻找故障提供帮助，同时也是编制接线图的依据。由于电气原理图结构简单、层次分明，因此在设计部门和生产现场得到广泛应用。

1. 电气原理图绘制

电气原理图一般分主电路和控制电路两部分。主电路是设备的驱动电路，是从电源到电动机大电流通过的路径。控制电路是由接触器和继电器线圈、各种电器的常开（动合）和常闭（动断）触点组成的逻辑电路，实现所要求的控制功能。主电路、控制电路和其他辅助的信号照明电路、保护电路一起构成电气控制系统。电气原理图中的电路一般垂直布置。电源电路绘成水平线，主电路用垂直线绘制在图的左侧，控制电路用垂直线绘制在图的右侧。控制电路中的耗能元件画在电路的最下端。

2. 元器件绘制

电气原理图中的所有电气元器件不画出实际外形图，而是采用国家标准规定的图形符号和文字符号表示，同一电气元器件的组成部分采用同一文字符号标明。

所有元器件的图形符号，均按元器件未通电和没有受外力作用时的状态绘制。使触点动作的外力方向必须是：当图形垂直放置时为从左到右，即在垂线左侧的触点为常开（动合）触点，在垂直线右侧的触点为常闭（动断）触点；当图形水平放置时为从下到上，水平线下方为常开触点，水平线上方为常闭触点。保护类元器件处在设备正常工作状态，特殊情况应说明。

3. 图区的划分

为了阅读查找，在图纸下方（或上方）沿横坐标方向划分，并用数字 1，2，3，…标明图区，在图区编号的上方标明该区的功能。如图 2-1 中所示，1 区所对应的为“电源开关”。这样可使读者能清楚地知道某个元器件或某部分电路的功能，以便于理解整个电路的工作原理。在继电器、接触器线圈下方列有触点表以说明线圈和触点的从属关系，如图 2-1 中的接触器 KM，有三个主触点位于 2 区，有一个辅助常开触点位于 4 区，没有用到辅助常闭触点。

4. 主电路触点表示

三相交流电源采用 L_1、L_2、L_3 标记；主电路按 U、V、W 顺序标记；分级电源在 U、V、W 前加数字 1、2、3 来标记；分支电路在 U、V、W 后加数字 1、2、3 来标记；控制电路用不多于 3 位的阿拉伯数字编号。

图 2-1 为电气原理示例。图中热继电器旁边的 $\frac{6-14}{8}$A 表示热继电器整定范围是 6 ~ 14A，这里热继电器使用时整定值为 8A。

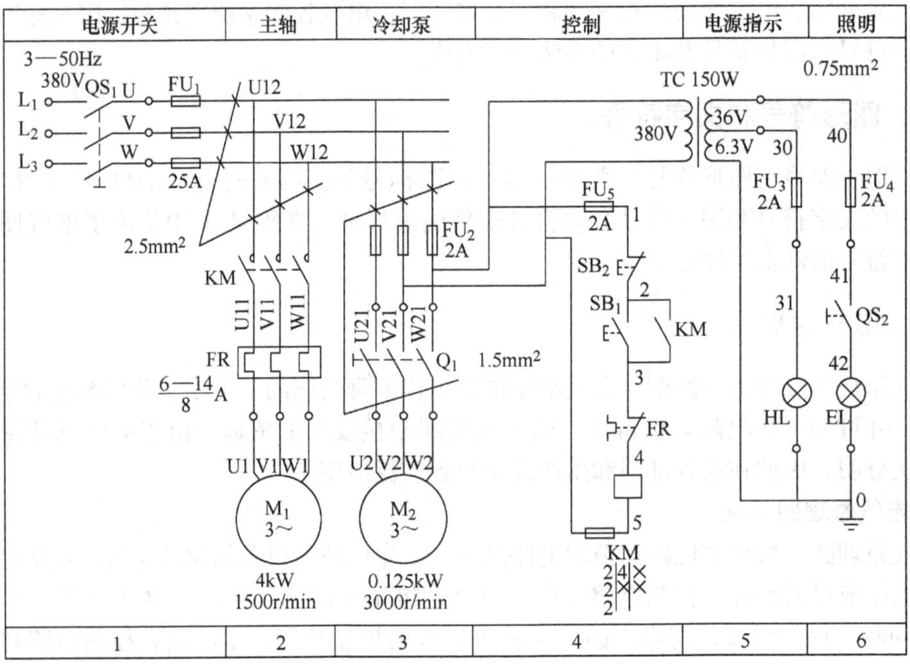

图 2-1　电气原理图示例

三、电气元器件布置图

电气元器件布置图主要是表明电气设备上所有电器的实际位置，为电气控制设备的安装及维修提供必要的资料。布置图可根据电气设备的复杂程度集中绘制或分别绘制。绘制布置图时，机床的轮廓线用细实线或点画线表示，电气元器件均用粗实线绘制出简单的外形轮廓。图 2-2 所示为电气元器件布置图示例。

四、安装接线图

安装接线图主要用于安装接线、线路检查、线路维修和故障处理。绘制接线图时应把各电气元器件的组成部分（如触点与线圈）画在一起，文字符号、元器件连接顺序、电路号码编制必须与电气原理图一致。图 2-3 所示为某机床的安装接线图。

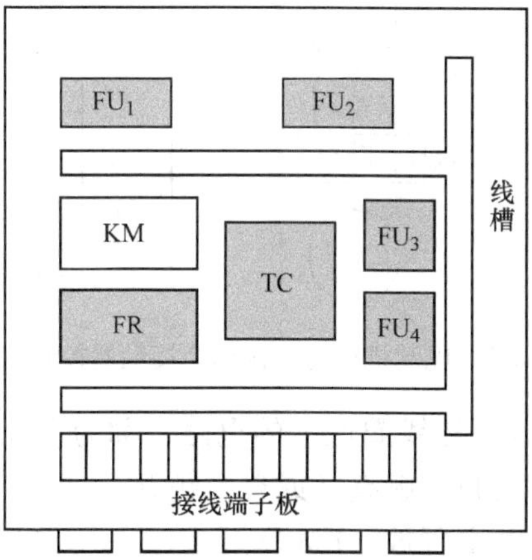

图 2-2　电气元器件布置图示例

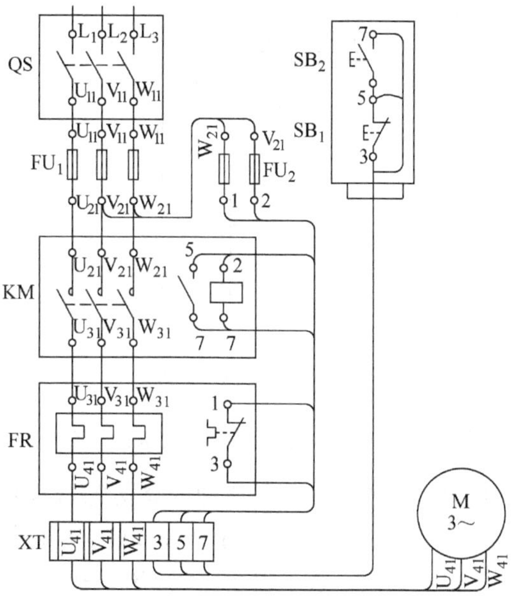

图 2-3　安装接线图示例

第二节　交流电动机的基本控制电路

交流电动机主要指交流笼型异步电动机和交流绕线转子异步电动机，由于三相笼型异步电动机具有结构简单、价格便宜、坚固耐用、维修方便等优点，获得广泛应用。

一、单向直接起动控制电路

三相笼型异步电动机的起动有两种方式，即直接起动（或全压起动）和减压起动。直接起动是一种简单、可靠、经济的起动方法。但直接起动时，电动机起动电流为额定电流的 4～7 倍。过大的起动电流一方面会造成电网电压显著下降，直接影响在同一电网工作的其他电动机及用电设备正常运行；另一方面电动机频繁起动会严重发热，加速线圈老化，缩短电动机的寿命，所以直接起动电动机的容量受到一定的限制。

图 2-4 所示为电动机单向直接起动开关控制电路。电路结构简单、经济，但由于刀开关的控制容量有限，仅适用于不频繁起动的小容量电动机（通常功率小于 5.5kW），且不能实现远距离的自动控制。

图 2-5 所示为接触器控制的电动机单向直接起动控制电路。此电路为常用的最简单的控制电路。图中，QS 为刀开关，FU_1为熔断器，KM 为接触器的主触点，FR 为热继电器，它们与电动机 M 组成主电路；熔断器 FU_2、热继电器 FR 的常闭触点、停止按钮 SB_1、起动按钮 SB_2、接触器线圈及辅助常开触点组成控制电路。

1. 电路原理分析

起动控制：合上电源开关 QS，按下起动按钮 SB_2，接触器 KM 线圈通电吸合，主触点闭合，电动机 M 得电起动；同时接触器常开辅助触点闭合，使 KM 线圈绕过 SB_2触点经 KM 自身常开辅助触点通电，当松开 SB_2时，KM 线圈仍通过自身常开辅助触点继续保持通电，从

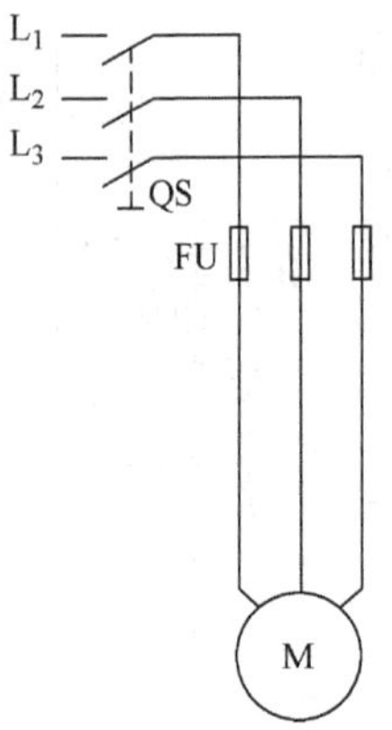

图 2-4　电动机单向直接起动开关控制电路

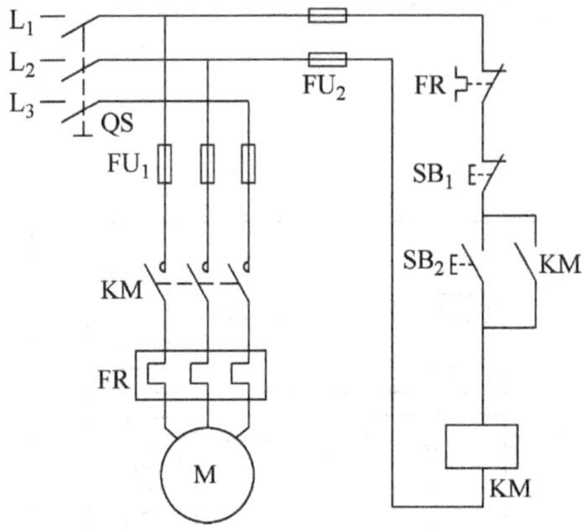

图 2-5　电动机单向直接起动接触器控制电路

而使电动机连续运转。这种依靠接触器自身辅助触点保持线圈通电的电路，称为自保电路（或自锁电路），而这对与 SB_2 并联的常开辅助触点称为自保触点（或自锁触点）。

停止控制：按下停止按钮 SB_1，接触器 KM 线圈断电释放，KM 常开主触点及常开辅助触点均断开，电动机 M 失电停转。当松开 SB_1 时，由于 KM 自锁触点已断开，故接触器线圈不可能通电，电动机继续断电停机。

2. 线路的保护设置

短路保护：由熔断器 FU_1、FU_2 分别实现主电路与控制电路的短路保护。

过载保护：由热继电器 FR 实现电动机的长期过载保护。当电动机出现长期过载时，热继电器动作，串接在控制电路中的常闭触点断开，切断 KM 线圈电路，使电动机脱离电源，实现过载保护。

欠电压和失电压保护：由接触器本身的电磁机构来实现。当电源电压严重过低或失电压时，接触器的衔铁自行释放，电动机失电而停机。当电源电压恢复正常时，接触器线圈不能自动得电，只有再次按下起动按钮 SB_2 后电动机才会起动，防止突然断电后的来电，造成人身及设备损害的危险，故又具有安全保护作用，此种保护又叫零电压保护。

设置欠电压、零电压（失电压）保护的控制电路具有三方面优点：第一，防止电源电压严重下降时电动机欠电压运行；第二，防止电源电压恢复时，电动机自行起动造成设备和人身事故；第三，避免多台电动机同时起动造成电网电压的严重下降。

此种电路不仅能实现电动机频繁起动控制，而且可实现远距离的自动控制，故是最常用的简单控制电路。

二、电动机的点动控制电路

在实际应用中，有的生产机械需要点动控制，有的生产机械在进行调整工作时也需采用点动控制。图 2-6 为具有点动控制的几种典型控制电路，主电路与图 2-5 中的主电路相同。

图 2-6a 是最基本的点动控制电路。当按下点动按钮 SB 时，接触器 KM 线圈通电，KM 主触点闭合，电动机 M 通电起动运行。当松开按钮 SB 时，接触器 KM 线圈断电，KM 主触点断开，电动机 M 失电停机。

图 2-6b 是带转换开关 SA 的长动—点动控制电路。当需要点动时将 SA 打开，自锁回路

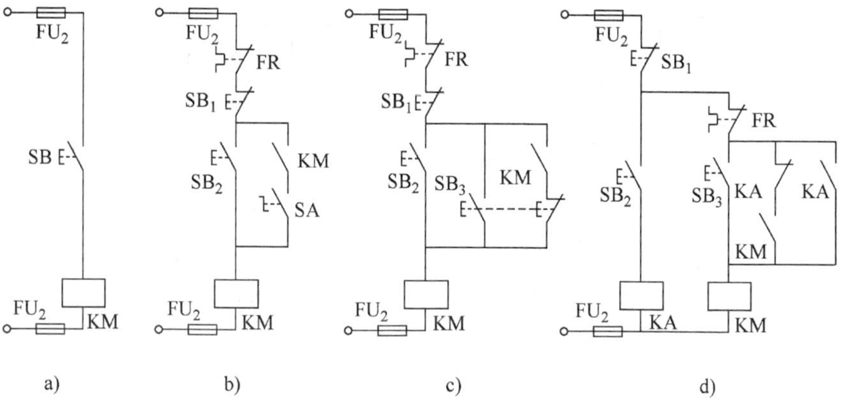

图 2-6 电动机点动控制电路

断开，按下 SB_2实现点动；若需长期运行，合上开关 SA，将自锁触点接入，实现连续运行控制。

图 2-6c 是利用按钮实现的长动—点动控制电路。当按下 SB_2时实现连续运转；当按下 SB_3时，其常闭触点先断开，自锁回路断开，实现点动控制。

图 2-6d 是利用中间继电器实现的长动—点动控制电路。当按下 SB_2时，中间继电器 KA 线圈得电，辅助常闭触点断开自锁回路；同时辅助常开触点闭合，接触器 KM 线圈得电，电动机 M 得电起动运转，松开 SB_2，KA 线圈失电，常开触点分断，接触器 KM 线圈失电，电动机 M 失电停机，实现点动控制。当按下 SB_3时，接触器 KM 线圈得电并自锁，KM 主触点闭合，电动机 M 得电连续运转。需要停机时，按下 SB_1即可。

因此，电动机长动与点动控制的关键环节是自锁触点是否接入。若能实现自锁，则电动机连续运转；若断开自锁回路，则电动机实现点动控制。

三、电动机正、反转控制电路

生产实践中，许多生产机械要求电动机能正、反转，从而实现可逆运行，如机床中主轴的正向和反向运动，工作台的前后运动，起重机吊钩的上升和下降，电梯的向上、向下运行等。从电动机原理中得知，改变电动机定子绕组的电源相序，就可实现电动机方向的改变。实际应用中，通过两个接触器改变电源相序来实现电动机正、反转控制。

实际上，可逆运行控制电路实质上是两个方向相反的单向运行电路的组合。但为了避免误操作引起电源相间短路，必须在这两个相反方向的单向运行电路中加设联锁环节。按照电动机正、反转操作顺序的不同，分“正—停—反”和“正—反—停”两种控制电路。

（一）电动机“正—停—反”控制电路

图 2-7 为三相异步电动机正、反转控制电路。图 2-7b 为电动机“正—停—反”控制电路，图 2-7a 所示主电路中，KM_1、KM_2分别为实现正、反转的接触器主触点。为防止两个接触器同时得电而导致电源短路，利用两个接触器的常闭触点 KM_1、KM_2分别串接在对方的工作线圈电路中，构成相互制约关系，以保证电路安全可靠的工作，这种相互制约的关系称为“联锁”，也称为“互锁”，实现联锁的常闭辅助触点称为联锁（或互锁）触点。图 2-7b 所示控制电路作正、反转操作控制时，必须先按下停止按钮 SB_1，工作接触器断电后，再按反向起动按钮实现反转，故它具有“正—停—反”控制特点。

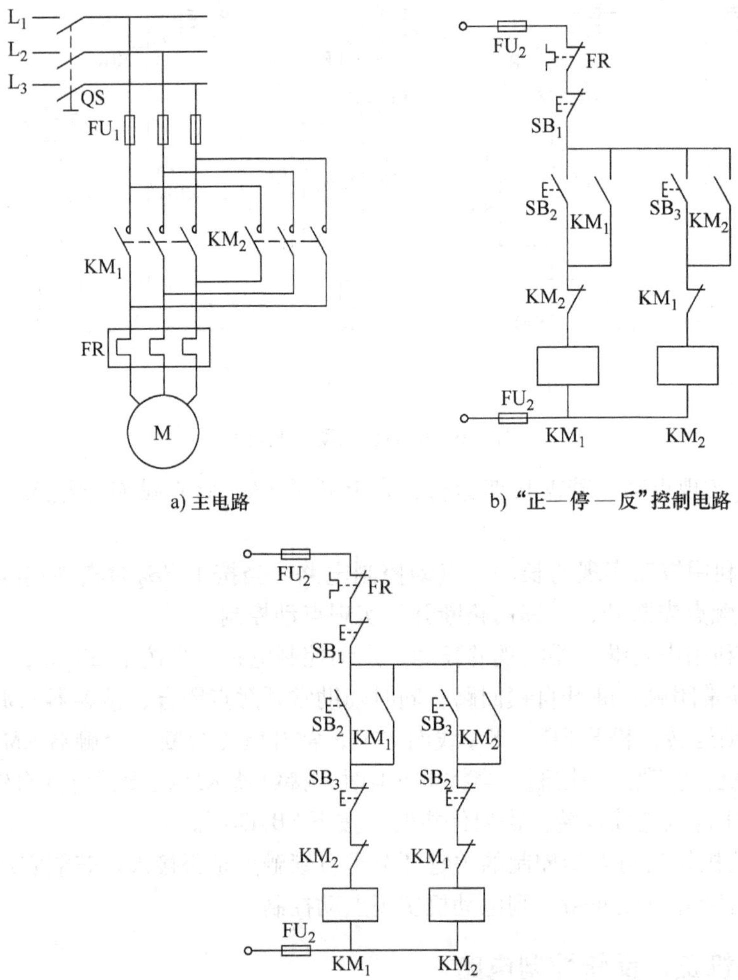

a) 主电路　　　　b) “正—停—反”控制电路

c) “正—反—停”控制电路

图 2-7　电动机正、反转控制电路

（二）电动机“正—反—停”控制电路

在实际应用中，为提高工作效率，减少辅助工时，要求直接实现正、反转的转换控制。图 2-7c所示为电动机“正—反—停”控制电路。图 2-7c 中，采用复合按钮来控制电动机正、反转的转换。在这个控制电路中，正转起动按钮 SB_2 的常开触点串于正转接触器 KM_1 线圈回路，用于接通 KM_1 线圈；而其常闭触点则串于反转接触器 KM_2 线圈回路中，首先断开 KM_2 的线圈，以保证 KM_1 的可靠得电。反转起动按钮 SB_3 的接法与 SB_2 类似，常开触点串于 KM_2 线圈回路；常闭触点串于 KM_1 线圈回路中，从而保证按下 SB_3，KM_2 能可靠得电，实现电动机的反转。

图 2-7b 中由接触器 KM_1、KM_2 常闭触点实现的互锁称为“电气互锁”；图 2-7c 中由复合按钮 SB_2、SB_3 常闭触点实现的互锁称为“机械互锁”。

图 2-7c 中既有“电气互锁”，又有“机械互锁”，故称为“双重互锁”，此种控制电路工作可靠性高，操作方便，为电力拖动系统所常用。

（三）具有自动往返的正、反转控制电路

在实际应用中，有些生产机械的工作台需要自动往复运动，如龙门刨床、导轨磨床等。

自动往返的可逆运行通常是利用行程开关来检测往返运动的相对位置，进而控制电动机的正、反转来实现生产机械的往复运动。图 2-8a 所示为机床工作台往复运动示意图。行程开关 SQ_1、SQ_2分别固定安装在床身上，用来限定运动的原点与终点。挡铁 A、B 固定在工作台上，SQ_3、SQ_4为正、反向极限保护用行程开关。

工作台起动时，按下起动按钮 SB_2（或 SB_3），之后便在行程开关 SQ_1、SQ_2 的控制下自动往复运行，其控制过程与图 2-7c 相似，这里不再赘述。

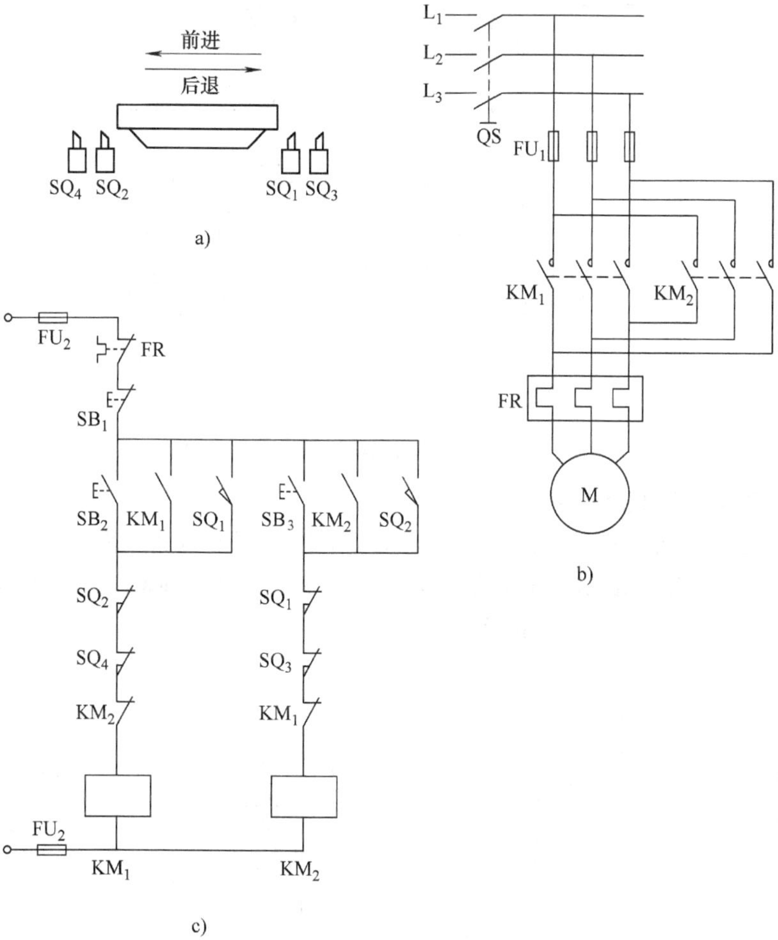

图 2-8　机床工作台自动往复运动控制电路

若换向因行程开关失灵而无法实现，则由极限开关 SQ_3、SQ_4实现极限保护，避免运动部件因超出极限位置而发生事故。上述用行程开关来控制运动部件的行程位置的方法，称为行程控制原则。行程控制原则是机械设备自动化和生产过程自动化中应用最广泛的控制方法之一。

四、电动机顺序控制电路

在机床的控制电路中，常常要求电动机的起、停有一定的顺序。例如磨床要求先起动润滑液压泵，然后再起动主轴电动机；龙门刨床在工作台移动前，导轨润滑液压泵要先起动；铣床的主轴旋转后，工作台方可移动等。顺序工作控制电路有顺序起动、同时停止控制电路，有顺序起动、顺序停止控制电路，还有顺序起动、逆序停止控制电路。

1. 主电路实现顺序控制

图 2-9 所示为主电路实现电动机顺序控制的电路。其特点是：电动机 M_2 的主电路接在电源接触器 KM_1 的主触点的下面，保证了只有当 KM_1 主触点闭合，电动机 M_1 起动后，M_2 才可能起动。图 2-9 中，SB_2 为 M_1 的起动按钮，SB_3 为 M_2 的起动按钮，SB_1 为总停按钮。

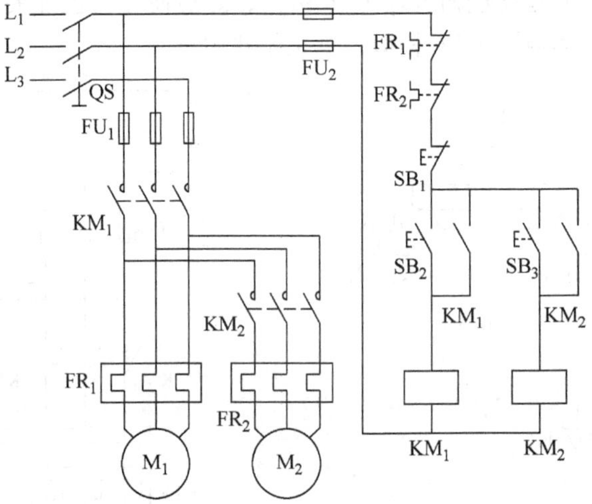

图 2-9　主电路实现电动机顺序控制电路

2. 控制电路实现的顺序控制

图 2-10 所示为几种在控制电路中实现电动机顺序控制的电路。图 2-10a 所示电路的特点是：电动机 M_2 的控制电路先与接触器 KM_1 的线圈并接，再与 KM_1 的自锁触点串接，保证了 M_1 起动后，M_2 才能起动的顺序要求。

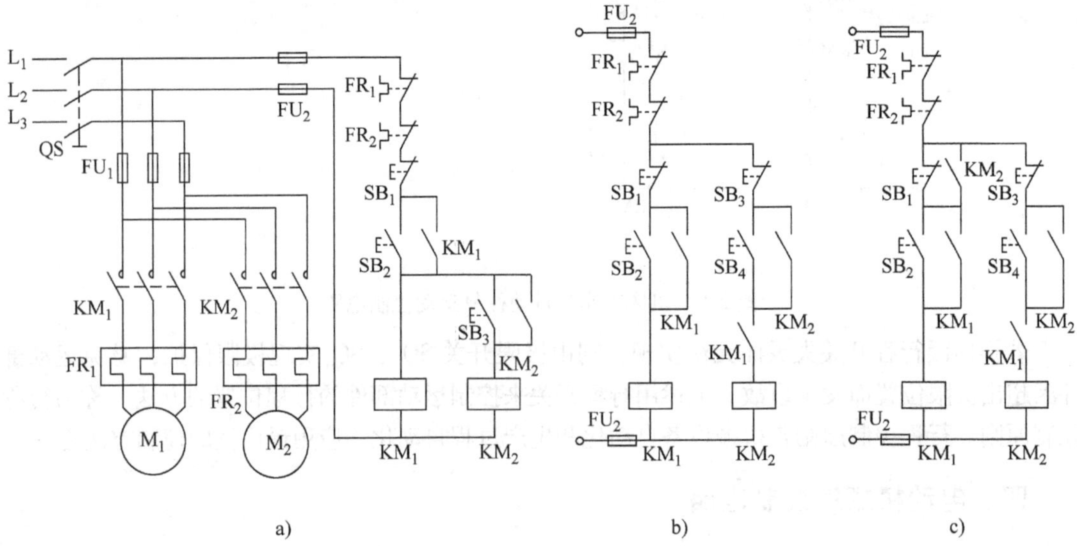

图 2-10　控制电路实现电动机顺序控制电路

图 2-10b 所示电路的特点是：在电动机 M_2 的控制电路中串接了接触器 KM_1 的常开辅助触点。显然，只要 M_1 不起动，KM_1 常开触点不闭合，KM_2 线圈就不能得电，M_2 电动机就不

能起动。

图 2-10c 所示电路是在图 2-10b 所示电路的 SB_1 的两端并联了接触器 KM_2 的常开辅助触点，从而实现了 M_1 起动后，M_2 才能起动，而 M_2 停止后，M_1 才能停止的控制要求，即顺序起动、逆序停止。

五、多地控制电路

能在两地或多地控制同一台电动机的控制方式叫电动机的多地控制。图 2-11 所示为两地控制的控制电路。其中 SB_{12}、SB_{11} 为安装在甲地的起动按钮和停止按钮；SB_{22}、SB_{21} 为安装在乙地的起动按钮和停止按钮。电路的特点是：两地的起动按钮和停止按钮并联在一起，停止按钮串联在一起，这样就可以分别在甲、乙两地起、停同一台电动机，达到操作方便的目的。

对三地控制或多地控制，只要将各地的起动按钮并联，停止按钮串联就可以实现。

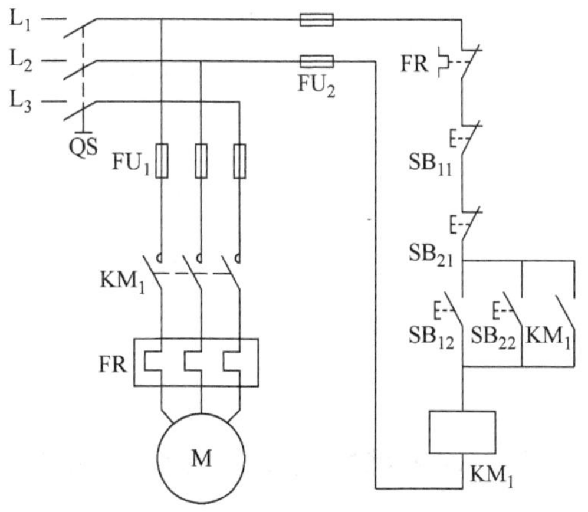

图 2-11　两地控制的控制电路

第三节　交流电动机减压起动控制电路

三相笼型异步电动机有全压起动和减压起动两种方式。全压起动所用电气设备少，电路简单，但起动电流大，会使电网电压降低而影响其他电气设备的稳定运行。因此，容量较大的电动机采用减压起动，以减小起动电流。起动时，降低加在电动机定子绕组上的电压，待电动机起动后，再将电压恢复到额定值，使之在额定电压下运行。常用的减压起动方式有Y—△减压起动、定子串联电阻减压起动和自耦变压器减压起动。

一、Y—△减压起动控制电路

此种控制电路只适用于正常运行时定子绕组接成三角形的笼型异步电动机，可采用Y—△减压起动方式达到限制起动电流的目的。在电动机起动时，定子绕组接成星形电压较低，此时每相绕组上的电压是正常运行三角形联结时电压的 $1/\sqrt{3}$，随着电动机的转速的上升，至起动完成时再接成三角形运行。图 2-12 是Y—△减压起动控制电路，其主电路由三组接触器主触点分别将电动机定子绕组接成星形和三角形。

电路的工作原理如下：合上电源开关 QS，按下起动按钮 SB_2，使 KM_1 得电并自锁，随即 KM_3 得电，电动机绕组接成星形，进行减压起动；在 KM_3 得电的同时，时间继电器 KT 得电，经一段时间延时后，KT 的常闭触点断开，KM_3 失电，同时 KT 的常开触点闭合，KM_2 得电并自锁，电动机转为三角形联结全压运行。当 KM_2 得电后，KM_2 常闭触点断开，使 KT 断电，避免时间继电器长期工作。KM_2、KM_3 常闭触点也为互锁触点，以防止同时接成星形和三角形造成电源短路。

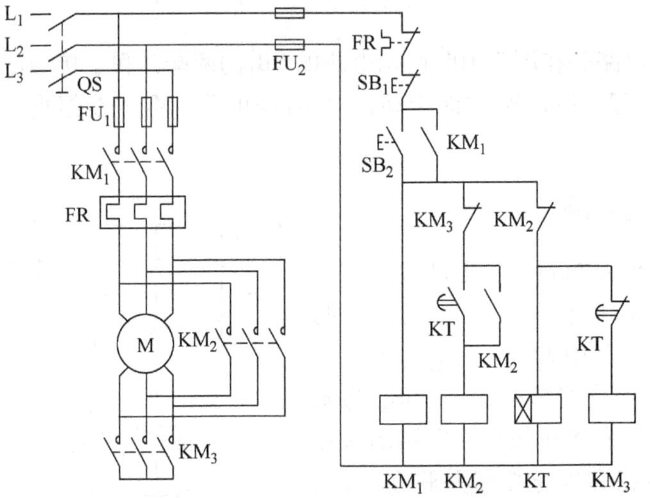

图 2-12　Y—△减压起动控制电路

二、定子串联电阻减压起动控制电路

图 2-13 是定子串联电阻减压起动控制电路。电动机起动时在三相定子绕组中串接电阻，使定子绕组上电压降低，起动结束后再将电阻短接，使电动机在额定电压下运行。这种起动方式不受电动机接线方式的限制，设备简单，因此在中小型生产机械中应用。但由于需要起动电阻，使控制柜体积增大，电能损耗大，对于大容量电动机往往采用串联电抗器实现减压起动。

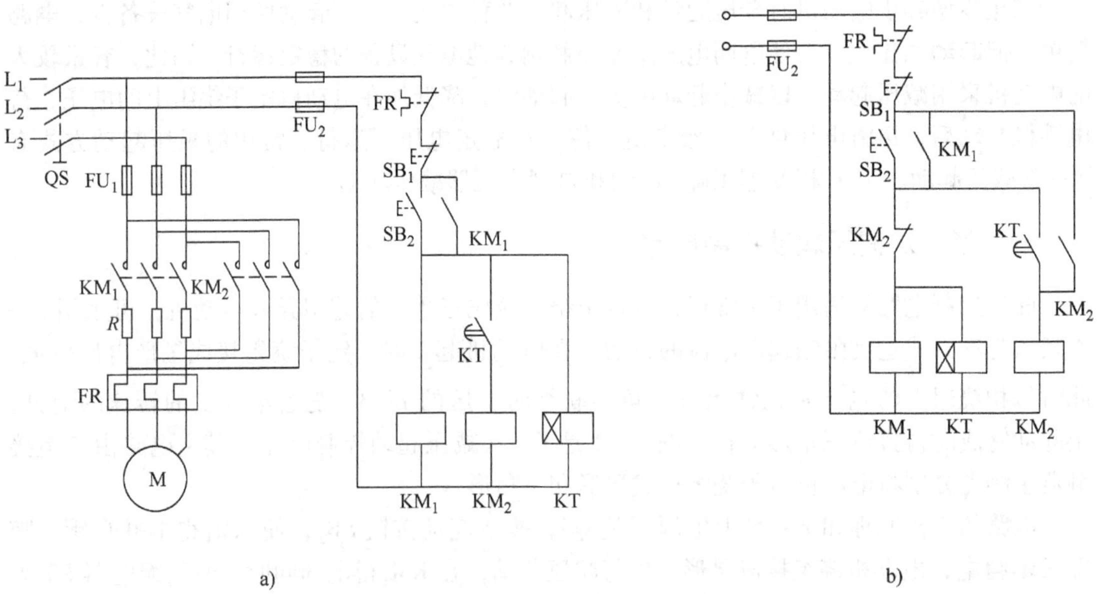

图 2-13　定子串联电阻减压起动控制电路

电路的工作原理如下：合上电源开关 QS，按下起动按钮 SB_2，KM_1 得电并自锁。电动机串联电阻 R 起动，接触器 KM_1 得电的同时，时间继电器 KT 线圈得电，经一段时间延时后。KT 常开触点闭合，KM_2 得电动作，将主电路电阻短接，电动机全压运行。图 2-13a 中，电动机正常运行时，两个接触器和时间继电器线圈都得电，实际上只需接触器 KM_2 线圈得电就可以了，可以通过图 2-13b 所示控制电路实现此功能。

三、自耦变压器减压起动控制电路

自耦变压器减压起动的控制电路中，电动机起动电流的限制是靠自耦变压器的减压作用来实现的。起动时，电动机定子绕组接在自耦变压器的低压侧。起动完毕后，将自耦变压器切除，电动机定子绕组直接接于电源，全压运行。如图 2-14 所示。

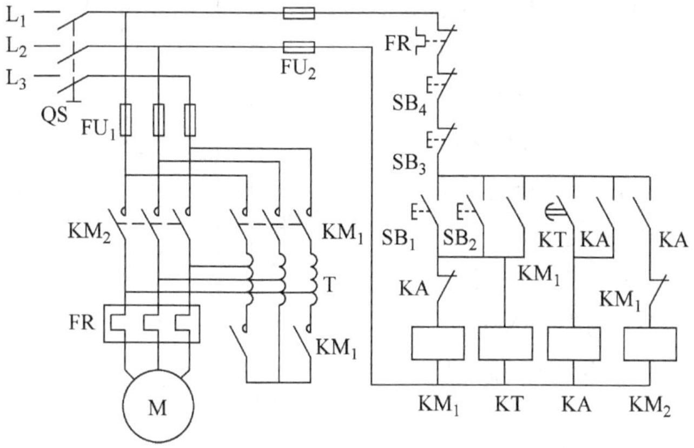

图 2-14　自耦变压器减压起动控制电路

电路工作原理如下：合上电源开关 QS，按下起动按钮 SB_1 或 SB_2，KM_1 通电并自锁，将自耦变压器 T 接入，电动机定子绕组接在自耦变压器的低压侧，进行减压起动；同时 KT 通电，经延时，KA 通电并自锁，使 KM_1 断电，KM_2 通电，自耦变压器切除。电动机在全压下正常运行。该电路在电动机起动过程中会出现二次涌流冲击，仅适用于不频繁起动、电动机容量在 30kW 以下的设备。为防止二次涌流的冲击，可使用三个接触器。

第四节　交流电动机的制动控制电路

交流异步电动机定子绕组脱离电源后，由于系统惯性作用，转子需经一段时间才能停止转动，造成运动部件停位不准，工作不安全，这往往不能满足某些生产机械的工艺要求，也影响生产效率的提高。因此，应对拖动电动机采取有效的制动措施。

所谓制动就是指使电动机脱离正常工作电源后迅速停转的措施。交流异步电动机的制动方法有机械制动和电气制动两种。机械制动是利用机械装置使电动机迅速停转，常用的机械制动装置是电磁抱闸。抱闸装置由制动电磁铁和闸瓦制动器组成，又分断电制动型和通电制动型两种。机械制动动作时，将制动电磁铁的线圈切断或接通电源，通过机械抱闸制动电动机。电气制动是在电动机上产生一个与转子原转动方向相反的制动转矩，迫使电动机迅速停转。电气制动方法有反接制动、能耗制动、电容制动、双流制动和发电制动等。

一、反接制动控制电路

反接制动是改变异步电动机定子绕组中三相电源的相序，产生一个与转子惯性转动方向相反的反向起动转矩进行制动。反接制动时，由于转子与旋转磁场的相对速度接近两倍的同步转速，所以定子绕组中流过的反接制动电流相当于全压起动时起动电流的两倍，冲击电流很大。为减小冲击电流，需要在电动机主电路串接一定的电阻以限制反接制动电流，这个电阻称为反接制动电阻。另外，当反接制动使电动机转速下降至接近零时，要及时切断反相序电源，以防电动机反向起动，反接制动的关键在于电动机电源相序的改变，且当转速下降至接近零时，能自动将电源切除。为此，在反接制动控制中采用速度继电器来检测电动机的速度变化。在转速为 120 ~ 3000r/min 内时，速度继电器触点动作；当转速低于 100r/min 时，其触点恢复原位。图 2-15 所示为单向反接制动控制电路。图中，KM_1为单向旋转接触器，KM_2为反接制动接触器，KS 为速度继电器，R为反接制动电阻。

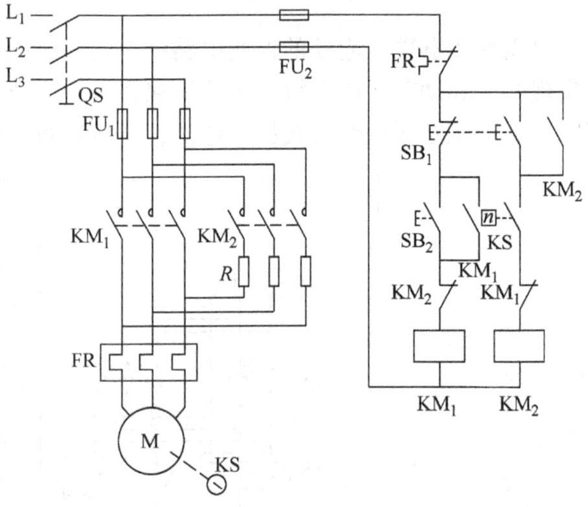

图 2-15　单向反接制动控制电路

图 2-15 所示反接制动控制电路的工作原理分析如下：

（1）起动　合上电源开关 QS，按下起动按钮 SB_2，KM_1线圈得电，辅助常闭触点断开，与KM_2互锁，辅助常开触点闭合，形成自锁，速度继电器 KS 动作，常开触点闭合，为反接制动做准备。

（2）制动　当需要制动时，按下停止按钮 SB_1，KM_1线圈失电，电动机 M 断电，在惯性下运转，KM_2线圈得电，KM_2辅助常闭触点断开，与KM_1互锁，KM_2辅助常开触点闭合，形成自锁，KM_2主触点闭合，串联电阻反接制动，电动机转速下降至 100r/min，KS 常开触点断开，KM_2线圈断电，反接制动结束，电动机制动完成。

二、能耗制动控制电路

能耗制动，就是在电动机脱离三相交流电源后，在定子绕组上加一直流电源，产生一静止磁场，惯性转动的转子在磁场中切割磁力线，产生与惯性转动方向相反的电磁转矩，对转子起制动作用。能耗制动比反接制动所消耗的能量小，其制动电流比反接制动时要小得多，通常适用于电动机容量较大，起动、制动频繁的场合。

1. 单向能耗制动控制电路

图 2-16 所示为按时间原则控制的单向能耗制动控制电路。图中，KM_1为单向旋转接触器，KM_2为能耗制动

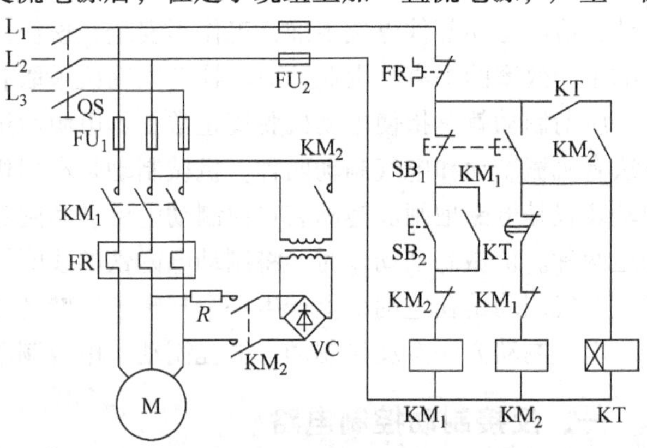

图 2-16　时间原则控制的单向能耗制动控制电路

接触器，VC 为桥式整流电路。电路工作原理如下：

电动机单向运行时，KM_1通电并自锁。制动时，按下复合按钮 SB_1，则 KM_1断电，电动机定子绕组脱离三相交流电源；同时，KT、KM_2通电并自锁，将两相定子绕组接入直流电源进行能耗制动。电动机在能耗制动作用下转速迅速下降，当接近零时，KT 延时时间到，其延时打开的动断触点动作，使 KM_2、KT 相继断电，制动过程结束。

该电路中，将 KT 的常开触点与 KM_2自锁触点串联，可避免时间继电器发生故障时触点不能动作，而使 KM_2长期通电，造成电动机定子绕组长期通入直流电源。

图 2-17 为按速度原则控制的单向能耗制动控制电路。其工作过程如下：

合上电源开关 QS，按下 SB_2，KM_1得电并自锁，KM_1主触点闭合，M 起动运行；同时，KM_1互锁的常闭触点断开，KS 常开触点闭合，为能耗制动做好准备。当需要制动时，按下 SB_1，KM_1线圈断电，KM_1主触点断开，M 断开交流电源；同时，KM_1互锁触点闭合，M 由于惯性仍在旋转，KS 常开触点保持闭合，使 KM_2得电并自锁，KM_2主触点闭合，M 定子绕组通入直流电源，进行能耗制动。当 M 转速接近于零时，KS 常开触点复位，KM_2断电释放，M 制动结束。

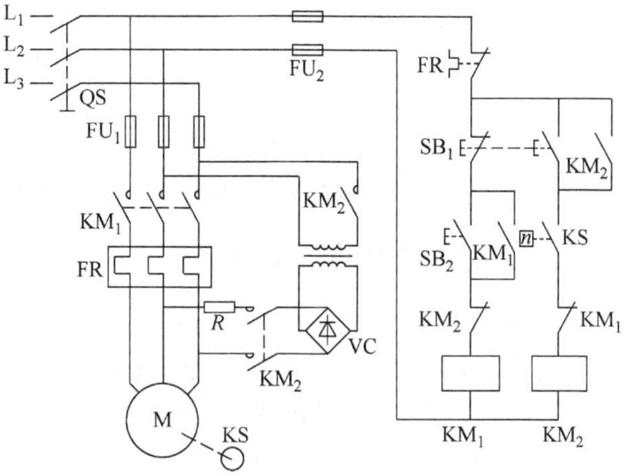

图 2-17　速度原则控制的单向能耗制动控制电路

2. 可逆运行的能耗制动控制电路

图 2-18 所示为时间原则控制的可逆运行能耗制动控制电路。图中，KM_1、KM_2为正反转接触器，KM_3为制动接触器。

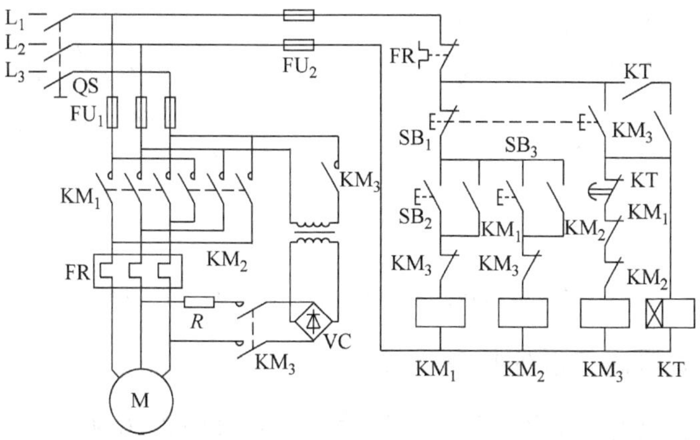

图 2-18　按时间原则控制的可逆运行能耗制动控制电路

电路工作原理如下：合上电源开关 QS，根据需要，按下正转或反转起动按钮 SB_2或 SB_3，相应的 KM_1或 KM_2通电并自锁，电动机正常运行。

制动时，按下停止按钮 SB_1，电动机定子绕组脱离三相交流电源，同时 KM_3、KT 通电，电动机定子绕组接入直流电源进行能耗制动。电动机在能耗制动作用下转速迅速下降，当接近零时，KT 延时时间到。其延时打开的动断触点动作，使 KM_3、KT 相继断电，制动过程结束。

第五节　笼型多速异步电动机控制电路

多速电动机能代替笨重的齿轮变速箱，满足只需几种特定转速的调速需要。由于其成本低，控制简单，在实际生产中使用较为普遍。

由电动机原理可知，笼型异步电动机转速为

$$n = n_0(1-s) = \frac{60f}{p}(1-s)$$

由此可见，改变电动机的磁极对数 p，就可以改变电动机的转速 n，多速电动机就是通过改变定子绕组的联结方法来改变磁极对数的。双速电动机是变极调速中最常用的一种形式。

一、双速异步电动机定子绕组的联结

双速异步电动机定子绕组联结方式常用的有两种：一种是绕组从单星形改接成双星形；另一种是从三角形改接成双星形，这两种接法都能使电机磁极对数减少一半。图 2-19 所示为△/YY联结。其中图 2-19a 为电动机三相定子绕组接成三角形的联结，三条电源线分别接到接线端 U_1、V_1、W_1，每相绕组的中点接出的接线端 U_2、V_2、W_2 空着不接，每相绕组中两个线圈串联，成 4 个极，磁极对数 $p=2$，此时为低速；图 2-19b 为电动机绕组YY联结，接线端 U_1、V_1、W_1 短接，U_2、V_2、W_2 分别接三相电源，每相绕组中两个线圈并联，成 2 个极，磁极对数 $p=1$，此时电动机的转速接近于低速时的两倍。

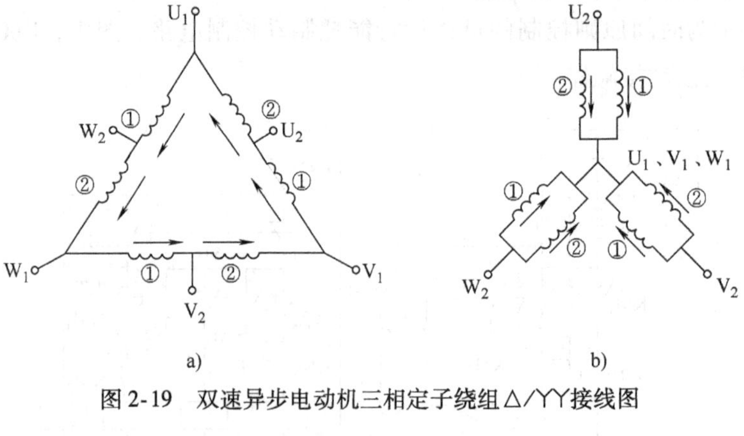

图 2-19　双速异步电动机三相定子绕组△/YY接线图

二、双速电动机高、低速控制电路

用时间继电器控制的双速电动机高、低速控制电路如图 2-20 所示。电路工作原理如下：

SA 是具有三个档位的转换开关。当扳到中间位置时，没有任何接触器得电，电动机不工作，为“停止”位；当扳到“低速”档位时，接触器 KM_1 线圈得电，其主触点闭合，电动机定子绕组的三个出线端 U_1、V_1、W_1 与电源相接，定子绕组接成三角形，电动机低速运转；当扳到“高速”档位时，时间继电器 KT 线圈首先得电，KT 的瞬动常开触点闭合，使

接触器 KM_1 线圈得电，其主触点闭合，电动机定子绕组接成三角形，低速起动，经过延时，KT 延时断开的常闭触点断开，使 KM_1 线圈断电释放，KT 延时闭合的常开触点闭合，接触器 KM_2 线圈得电，紧接着 KM_3 线圈得电，电动机定子绕组被 KM_2、KM_3 的主触点换接成双星形，高速运行。

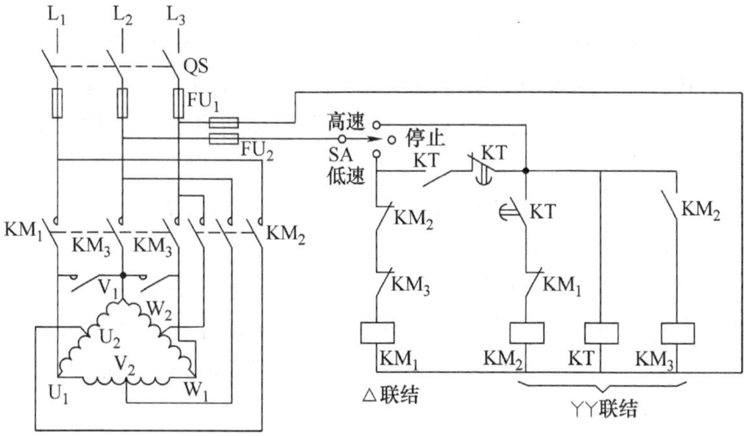

图 2-20　双速异步电动机高、低速控制电路

第六节　信号灯控制电路

在机床电气控制系统中，经常需要利用信号灯显示机床的运行状态。因此，对信号灯的控制是机床电气控制系统的一部分。因为信号灯只是一种用电设备，本身不带触点，无法实现自锁、互锁等功能，因此，对信号灯的控制需要利用中间继电器来完成。

图 2-21 为三组抢答器控制电路。其实现的控制要求为：有三组答题人，每组面前有一个抢答按钮和一个信号灯，各组的信号灯颜色不同，以示区别。主持人说出题目后，只有最早按下抢答按钮的一组信号灯亮，表示抢答成功。主持人按下复位按钮，信号灯熄灭。

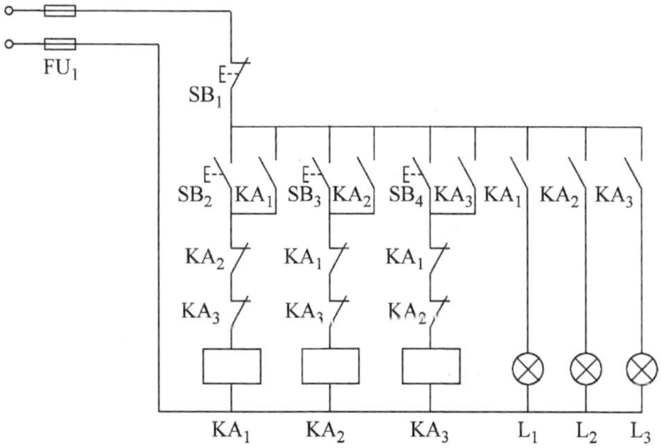

图 2-21　三组抢答器控制电路

第七节　电 液 控 制

液压传动系统和电气控制电路相结合的电液控制系统在组合机床、自动化机床、生产自动线、数控机床等中的应用越来越广泛。

图 2-22、图 2-23 分别为液压动力头的液压系统和电气控制系统。液压动力头是既能完成进给运动，又能同时完成刀具切削运动的动力部件。其工作过程如下：

（1）动力头原位停止　当电磁铁 YA_1、YA_2、YA_3 都断电时，三位五通电磁换向阀处于中位，液压泵卸荷，动力头停止不动。

（2）动力头快进　按下 SB_2，中间继电器 KA_1 得电动作并自锁，其常开触点闭合使 YA_1、YA_3 通电。液压系统为差动连接，动力头实现快进。

（3）动力头工进　在动力头快进过程中，当挡铁压动行程开关 SQ_2 时，其常开触点闭合，使中间继电器 KA_2 得电动作，KA_2 的常闭触点使 YA_3 断电，动力头自动切换为工作进给状态。KA_2 的常开触点接通自锁电路，以保证当挡铁离开 SQ_2 时，SQ_2 的常开触点恢复分断后，KA_2 仍保持工作状态。

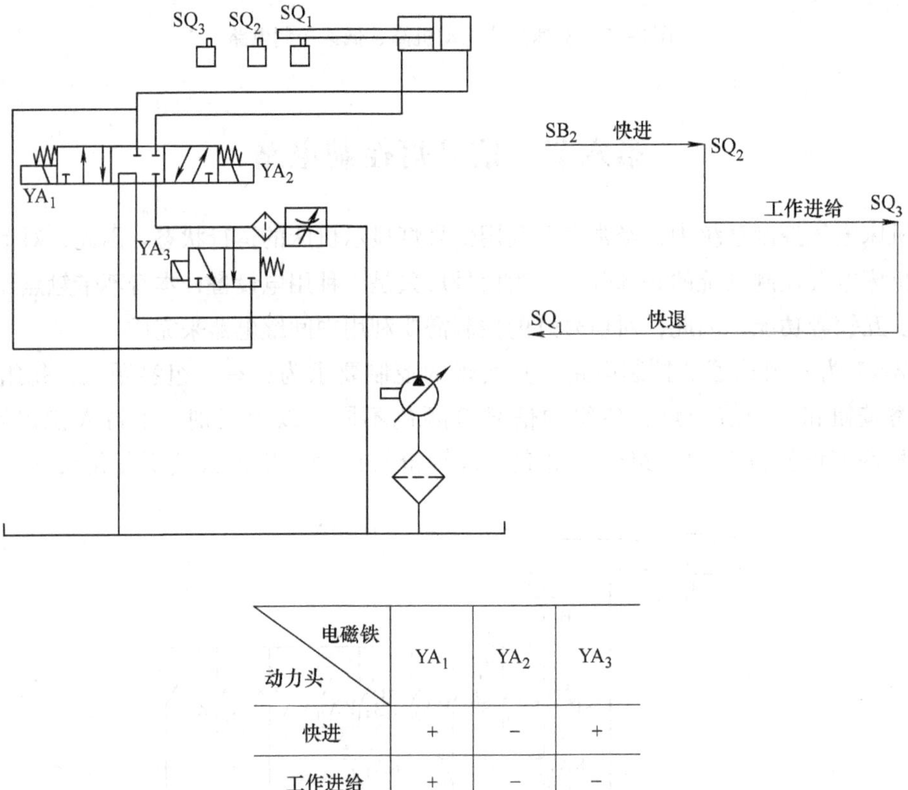

电磁铁 / 动力头	YA_1	YA_2	YA_3
快进	+	−	+
工作进给	+	−	−
快退	−	+	−
停止	−	−	−

图 2-22　液压动力头的液压系统

(4) 动力头快退　当动力头工作进给到终点后，挡铁压动行程开关 SQ_3，其常开触点闭合，使中间继电器 KA_3 得电动作并自锁，其常闭触点断开，使 KA_1 断电，从而使 YA_1 断电，动力头停止工进。同时，KA_3 的常开触点闭合，使 YA_2 得电，动力头快速退回。当动力头退回到原位后，行程开关 SQ_1 被压下，其常闭触点断开，使 KA_3 断电，从而 YA_2 也断电，动力头停止。

(5) 动力头点动调整　按下按钮 SB_3 也可以使 KA_1 得电动作，使电磁铁 YA_1 和 YA_3 通电，动力头可向前运动。但由于 KA_1 不能自锁，因此，松开 SB_3 后，动力头立即停止，故动力头可点动调整。

当动力头因意外停止需要快退时，可按下按钮 SB_4，使 KA_3 得电动作。YA_2 得电，动力头作快退运动，直到退回到原位，SQ_1 被压下，KA_3 断电，YA_2 断电，动力头原位停止。

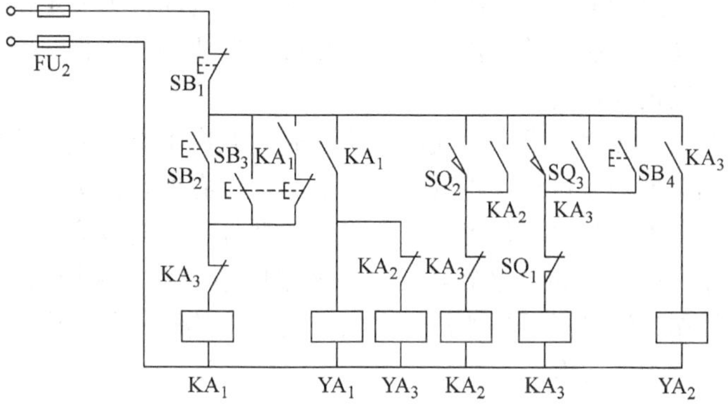

图 2-23　液压动力头的电气控制电路

第八节　电动机的保护

电气控制系统除了能满足生产机械的加工工艺要求外，要想长期、正常、无故障地运行，还必须有各种保护措施。保护环节是所有机床电气控制系统不可缺少的组成部分，利用它来保护电动机、电网、电气控制设备以及人身安全等。

电气控制系统中常用的保护环节有短路保护、过载保护、过电流保护、零电压与欠电压保护以及弱磁保护等。

一、短路保护

电动机绕组的绝缘、导线的绝缘损坏或线路发生故障时，造成短路现象，产生短路电流，并引起电气设备绝缘损坏和产生强大的电动力使电气设备损坏。因此在产生短路现象时，必须迅速地将电源切断。常用的短路保护元器件有熔断器和断路器。

1. 熔断器保护

熔断器的熔体串联在被保护的电路中，当电路发生短路或严重过载时，它自动熔断，从而切断电路，达到保护的目的。

2. 断路器保护

断路器又称自动空气熔断器，它有短路、过载和欠电压保护等几种功能，能在电路发生短路、过载、欠电压故障时快速地自动切断电源。它是低压配电重要保护元器件之一，常作低压配电盘的总电源开关及电动机变压器的合闸开关。

通常熔断器比较适用于对动作准确度和自动化程度要求较低的系统中，如小容量的笼型电动机、一般的普通交流电源等。在发生短路时，很可能只有一相熔断器熔断，造成缺相运行。但对于断路器，只要发生短路就会自动跳闸，将三相同时切断。断路器结构复杂，操作频率低，广泛用于要求较高的场合。

二、过载保护

电动机长期超载运行，电动机绕组温升超过其允许值，电动机的绝缘材料就要变脆，寿命减少，严重时使电动机损坏。过载电流越大，达到允许温升的时间就越短。常用的过载保护元器件是热继电器。热继电器可以满足这样的要求：当电动机为额定电流时，电动机为额定温升，热继电器不动作，在过载电流较小时，热继电器要经过较长时间才动作，过载电流较大时，热继电器则经过较短时间就会动作。

由于热惯性的原因，热继电器不会受电动机短时过载冲击电流或短路电流的影响而瞬时动作，所以在使用热继电器作过载保护的同时，还必须设有短路保护，并且选作短路保护的熔断器熔体的额定电流不应超过4倍热继电器发热元器件的额定电流。

当电动机的工作环境温度和热继电器工作环境温度不同时，保护的可靠性就受到影响。现有一种用热敏电阻作为测量元器件的热继电器，它可将热敏元器件嵌在电动机绕组中，可更准确地测量电动机绕组的温升。

三、过电流保护

过电流保护广泛用于直流电动机或绕线转子异步电动机，常用过电流继电器来实现。对于三相笼型电动机，由于其短时过电流不会产生严重后果，故不采用过电流保护而采用短路保护。

过电流往往是由于不正确的起动和过大的负载转矩引起的，一般比短路电流要小。在电动机运行中产生过电流要比发生短路的可能性更大，尤其是在频繁正、反转起动、制动的短时工作电动机中更是如此。直流电动机和绕线转子异步电动机电路中过电流继电器也起着短路保护的作用，一般过电流继电器动作时的强度值为起动电流的1.2倍左右。

四、零电压与欠电压保护

当电动机正在运行时，如果电源电压因某种原因消失，那么在电源电压恢复时，电动机就将自行起动，这就可能造成生产设备的损坏，甚至造成人身事故。对电网来说，同时有许多电动机及其他用电设备自行起动也会引起不允许的过电流及瞬间网络电压下降。为了防止电压恢复时电动机自行起动的保护叫零电压保护。

当电动机正常运转时，电源电压过分地降低将引起一些电器释放，造成控制电路不正常工作，可能产生事故；电源电压过分地降低也会引起电动机转速下降甚至停转。因此需要在电源电压降到一定允许值以下时将电源切断，这就是欠电压保护。一般常用电磁式电压继电器实现欠电压保护。如图2-24所示，中间继电器KA起零电压保护作用，在该电路中，当电源电压过低或消失时，中间继电器KA就要释放，接触器KM_1或KM_2也马上释放，因为此时主令控制器SA不在零位（即SA_0未闭合），所以在电压恢复时，KA不会通电动作，接触

器 KM_1 和 KM_2 就不能通电动作。若使电动机重新起动，必须先将主令开关 SA 扳回零位，使触点 SA_0 闭合，KA 通电动作并自锁，然后再将 SA 扳向正向或反向位置，电动机才能起动。这样就通过 KA 继电器实现了零电压保护。在许多机床中不是用控制开关操作，而是用按钮操作的。利用按钮的自动恢复作用和接触器的自锁作用，可不必另外加设零电压保护继电器。如图 2-5 所示，当电源电压过低或断电时，接触器 KM 释放，此时接触器 KM 的主触点和辅助触点同时打开，使电动机电源切断并失去自锁。当电源恢复正常时，操作人员必须重新按下起动按钮 SB_2，才能使电动机起动。所以像这样带有自锁环节的电路本身已兼备了零电压保护环节。

图 2-24 是电动机常用保护的接线。

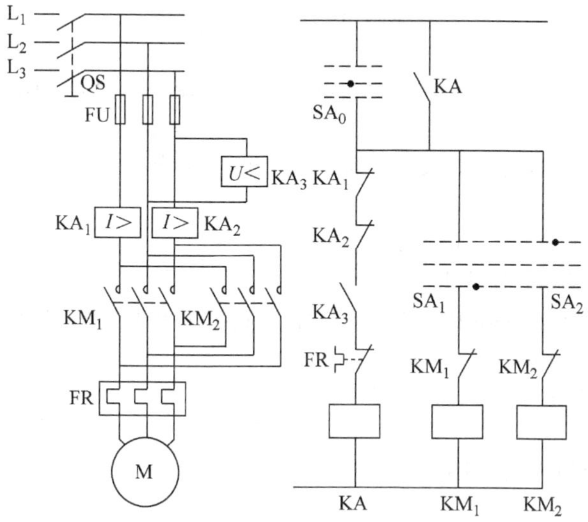

图 2-24 电动机的常用保护

短路保护：熔断器 FU；过载保护（热保护）：热继电器 FR；过电流保护：
过电流继电器 KA_1、KA_2；零电压保护：中间继电器 KA；欠电压保护：欠电压继电器 KA_3；
联锁保护：通过正向接触器 KM_1 与反向接触器 KM_2 的动断触点实现。

五、弱磁保护

直流电动机在一定强度磁场下才能起动，如果磁场太弱，电动机的起动电流就会很大，直流电动机正在运行时磁场突然减弱或消失，电动机转速就会迅速升高，甚至发生飞车。因此需要采取弱励磁保护。弱励磁保护是通过电动机励磁回路串入弱磁继电器（电流继电器）来实现的，在电动机运行中，如果励磁电流消失或降低很多，弱磁继电器就释放，其触点切断主回路接触器线圈的电源，使电动机断电停车。

习 题

2.1 什么叫自锁？什么叫互锁？各如何实现？

2.2 长动与点动的区别是什么？怎样实现点动？

2.3 电气控制系统常用的保护环节有哪些？采用什么电气元器件来实现？

2.4　分析图 2-25 所示电路中，哪种电路能实现电动机正常连续运行和停止，哪种不能？为什么？

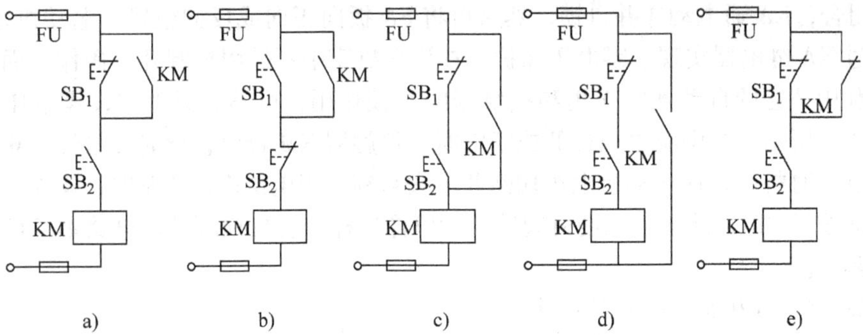

图 2-25　习题 2.4 图

2.5　试设计可使一个工作机构向前移动到指定位置上停一段时间，再自动返回原位的控制电路，并简述其工作过程。

2.6　试设计三台笼型异步电动机的起动、停止控制电路，要求：

（1）M_1 起动 10s 后，M_2 自动起动。

（2）M_2 运行 8s 后，M_1 停止，同时 M_3 自动起动。

（3）再运行 20s 后，M_2 和 M_3 停止。

2.7　试设计两台笼型异步电动机的顺序起动、停止控制电路和主电路，要求：

（1）M_1 先起动，M_2 后起动。

（2）停车时，按先 M_2 后 M_1 的顺序停止。

（3）M_1 可点动。

（4）两台电动机均有短路和过载保护。

第三章　典型机床电气控制电路分析

分析机床电气控制系统时要注意以下几个问题：

1）要了解机床的主要技术性能及机械传动、液压传动和气动的工作原理。

2）弄清各电动机的安装部位、作用、规格和型号。

3）初步掌握各种电器的安装部位、作用以及各操纵手柄、开关、控制按钮的功能和操纵方法。

4）注意了解与机床的机械、液压装置发生直接联系的各种电器的安装部位及作用，如行程开关、挡块、压力继电器、电磁离合器、电磁铁等。

5）分析电气控制系统时，要结合说明书或有关的技术资料将整个电气线路划分成几个部分逐一进行分析，例如，各电动机的起动、停止、变速、制动、保护及相互间的联锁等。

在这一章里我们将分析几种典型机床的电气控制电路，从而进一步掌握控制电路的组成，典型环节的应用及分析控制电路的方法。从中找出规律，逐步提高阅读电气原理图的能力，为独立设计打下基础。

第一节　CA6140 型卧式车床的电气控制电路

一、总体情况简介

图 3-1 所示为 CA6140 型卧式车床的电气控制原理图。控制系统主要由三台交流笼型异步电动机、漏电保护断路器、接触器、继电器、控制变压器、熔断器、按钮和开关等组成。控制电路的特点如下：

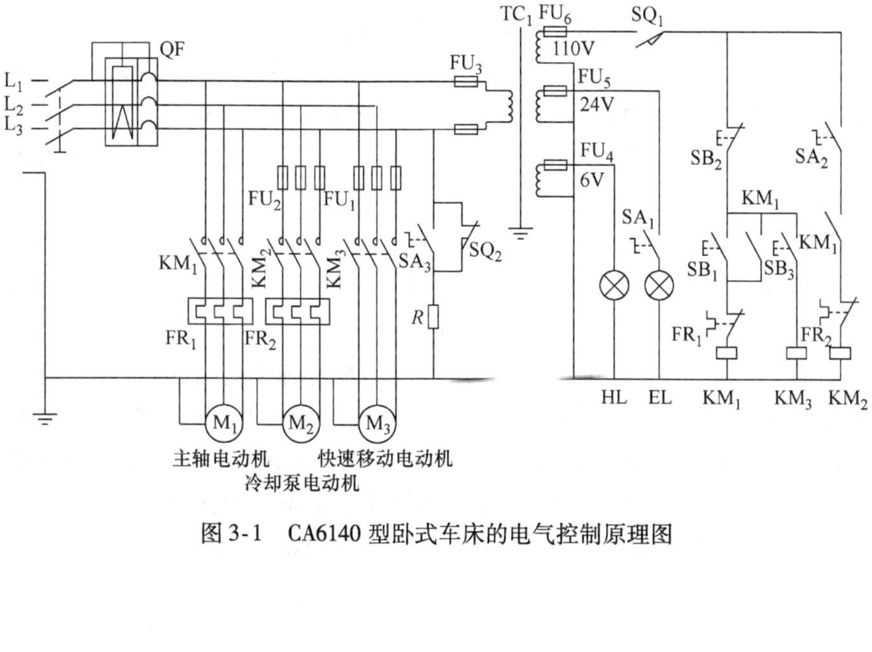

图 3-1　CA6140 型卧式车床的电气控制原理图

1）控制电路的电源总开关采用带漏电检测断路器。在控制系统发生漏电或过载时，能自动脱扣以切断电源。对操作人员、电气设备进行保护。

2）车床三台电动机的容量都较小（小于 10kW），都采用简单的全压起动方式，全部单向旋转，其中两台小电动机为点动控制。

3）冷却泵电动机与主轴电动机联锁控制，在主轴电动机优先起动后，冷却泵电动机才能起动。

4）设置有交换齿轮箱门与电气控制箱门关闭情况检测开关，只有当交换齿轮箱门、电气控制箱门关闭到位后，两个检测开关方使控制电路与主电路通电，电动机起动操作才能有效。

二、主电路与控制电路分析

1. 主轴电动机的控制

主轴电动机 M_1 的控制是 CA6140 型卧式车床电气控制电路的最重要部分。要起动主轴电动机开动车床时，先用钥匙将带锁旋转式开关 SA_3 逆时针转动，此时 SA_3 触点断开。如车床电气箱门关闭到位，检测开关 SQ_2 也断开、漏电电阻 R 失电，再合上漏电断路器（R 有电流时，断路器将无法合上，如工作时，R 出现 30mA 以上的漏电电流，断路器将在 0.1s 以内自动脱扣，将电源切断。过载时，它也会在很短的时间内脱扣），电源进入主电路和控制变压器 TC_1，控制变压器将 380V 变为 110V 向控制电路供电。按下主轴电动机起动按钮 SB_1，电流经过熔断器 FU_6、交换齿轮箱门关闭检测开关 SQ_1、自锁式停车常闭开关 SB_2 和 SB_1、热继电器常闭触点 FR_1，流经接触器 KM_1 线圈，KM_1 主触点闭合。主轴电动机 M_1 得电起动运转，同时与起动按钮 SB_1 并联辅助触点 KM_1 保持回路自锁，维持 M_1 持续通电运行。需停车时，按下主轴电动机停止按钮 SB_2（按下后便保持断开的自锁状态，用手转动方可恢复接通），接触器 KM_1 线圈失电，KM_1 主触点断开，电动机失电停转。

2. 冷却泵电动机的控制

冷却泵电动机 M_2 用旋转式开关点动控制，并与主电动机联锁，在主轴电动机运行状态下，冷却泵电动机才能起动。这符合车削加工的实际需要。

在车削过程中，转动旋转式开关 SA_2，使其接通，电流经 SA_2、KM_1 常开辅助触点（车削过程中处于闭合状态）、热继电器常闭触点 FR_2 流过接触器 KM_2 线圈，KM_2 主触点闭合，冷却泵电动机 M_2 得电起动运转，冷却泵输出切削液。反之，关掉 SA_2，KM_2 线圈失电，主触点断开，冷却泵电动机失电停转。

3. 快速移动电动机的控制

快速移动电动机 M_3 是专门为使刀具沿纵、横两个方向快速进行位置调整而配置的，有缩短切削加工辅助时间的作用，它装于溜板箱上。

快速移动控制按钮 SB_3 安装在“十”字形进给方向选择手柄的顶端，先将手柄扳到所需快速移动进给方向，再按下 SB_3，电流经 SB_2、SB_3 流经接触器 KM_3 线圈，使 KM_3 主触点闭合，快速移动电动机 M_3 得电起动，以点动的控制方式通过离合器传动刀架快速移动。调整到位后，松开 SB_3，接触器 KM_3 失电，主触点 KM_3 断开，M_3 失电停转，快速移动过程结束。同时机械超越离合器自动将进给传动链接通，恢复正常进给方式。

以上主轴电动机、冷却泵电动机及快速移动电动机三个控制环节都受串联在控制变压器 TC_1（110V）供电端之后的交换齿轮箱门关闭检测开关 SQ_1 的影响，如起动前箱门未关好，SQ_1 将处于断开状态，没有电源供给，上述操作将无效。

4. 车床照明灯与电源指示灯的控制

（1）车床照明灯　车床照明灯 EL 为 24V 交流供电。EL 接在控制变压器 TC_1 二次侧 24V 输出端，串联有熔断器 FU_5，由旋转开关 SA_1 控制 EL 的开与关。

（2）指示灯　指示灯 HL 直接接于控制变压器 TC_1 二次侧 6V 输出端，串有熔断器 FU_4，未装开关，只要 QF 处于接通，控制变压器 TC_1 得电，指示灯 EL 便会点亮发光，提示操作人员车床处于通电状态，按下控制按钮，车床便可起动。

表 3-1 为 CA6140 型卧式车床的电气元器件明细。

表 3-1　CA6140 型卧式车床电气元器件明细

元器件符号	名称及用途	技术参数	数量	型号	备注
SB_1	起动按钮	500V，5A	1	LA19－11	
SB_2	停止按钮		1	LA－01JZ	
SB_3	快速按钮	500V，5A	1	LA9	
SA_1	照明灯开关		1	KN3－2－1	在灯具内
SA_2	冷却泵开关		1	LAY3－X/2	旋转式
SA_3	电源开关		1	LAY3－Y/2	钥匙式
SQ_1	交换齿轮箱安全开关		1	LXW3－N	
SQ_2	电气箱安全开关		1	LXW3－N	
KM_1	主轴电动机接触器	线圈 110V	1	CJ0－20B	
KM_2	冷却泵电动机接触器	线圈 110V	1	JZ7－44	
KM_3	快速电动机接触器	线圈 110V	1	JZ4－44	
FR_1	主电动机热继电器	$\frac{10-16}{15.4}$A	1	JR16－20/30	
FR_2	冷却泵电动机热继电器	$\frac{0.25-0.35}{0.32}$A	1	JR16－20/30	
R	检漏电阻	7.5W，3.9kΩ	1	RXYC	
HL	电源指示灯		1	ZSD－0	
EL	机床照明灯		1	JC11	
QF	漏电断路器		1	DZ15L－40/3901	
TC_1	变压器		1	JBK2－100	
FU_1	冷却泵熔断器	熔体 1A	3	BZ001	
FU_2	快速移动电动机熔断器	熔体 4A	3	BZ001	
FU_3	变压器一次熔断器	熔体 1A	2	BZ001	
FU_4	指示灯熔断器	熔体 1A	1	BZ001	
FU_5	照明灯熔断器	熔体 2A	1	BZ001	
FU_6	控制电路熔断器	熔体 1A	1	BZ001	

（续）

元器件符号	名称及用途	技术参数	数量	型号	备注
M_1	主轴电动机	7.5kW，15.4A	1	Y132M－4	
M_2	冷却泵电动机	90W，0.32A 3000r/min	1	AOB－25	
M_3	快速移动电动机	0.25kW，1.55A 1500r/min	1	AOS5634	

第二节　C650型卧式车床的电气控制电路

一、总体情况简介

C650型卧式车床属于中型车床，床身的最大工件回转半径为1020mm，最大工件长度为3000mm。图3-2是它的电气原理图。C650型卧式车床的主轴电动机功率为30kW，为提高工作效率，该机床采用了反接制动。为了减少制动电流，定子回路串联了限流电阻 R。拖动溜板箱快速移动的2.2kW电动机是为了减轻工人的劳动强度和节省辅助工作时间而专门设置的。

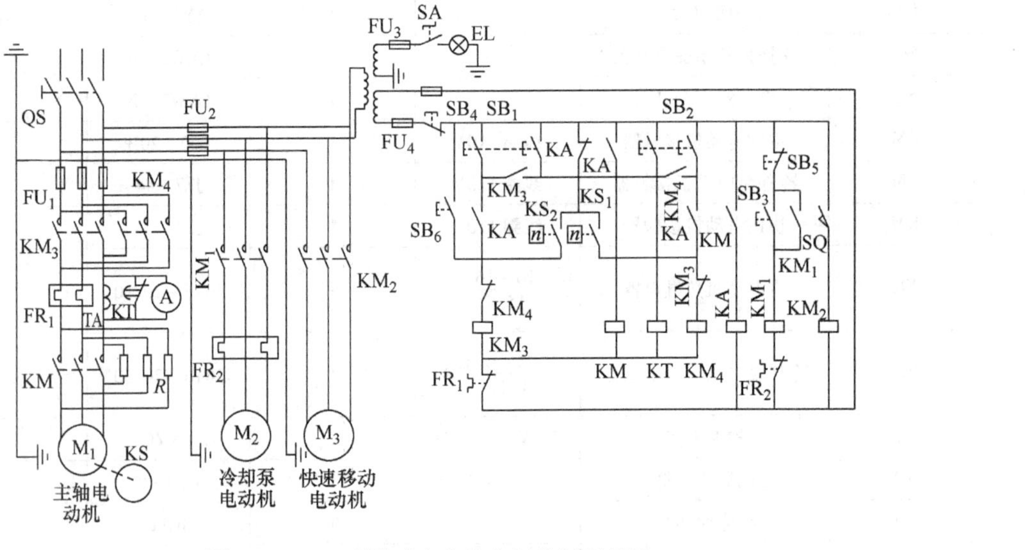

图3-2　C650型卧式车床的电气控制原理图

二、主电路与控制电路分析

1. 主电路

组合开关QS将三相电源引入，FU_1为主轴电动机M_1的短路保护用熔断器，FR_1为M_1过载保护用热继电器。R为限流电阻，防止在点动时连续的起动电流造成电动机的过载，同时防止反接制动时电动机绕组电流过大，通过互感器TA接入电流表A以监视主轴电动机绕组的电流。熔断器FU_2为M_2、M_3的短路保护，接触器KM_1、KM_2为M_2、M_3起动用接触器。

FR_2为 M_2的过载保护，因快速移动电动机 M_3短时工作，所以不设过载保护。

2. 控制电路

（1）主电动机的点动调整控制电路　图 3-3 为点动环节的控制电路图。电路中，KM_3为 M_1的正转接触器，KA 为中间继电器。M_1的点动由点动按钮 SB_6控制。按下按钮 SB_6，接触器 KM_3得电吸合，它的主触点闭合，电动机的定子绕组经限流电阻 R 和电源接通，电动机在较低速度下起动，松开按钮 SB_6，KM_3断电，点动停止。在点动过程中，中间继电器 KA 线圈不通电，KM_3线圈不会自锁。

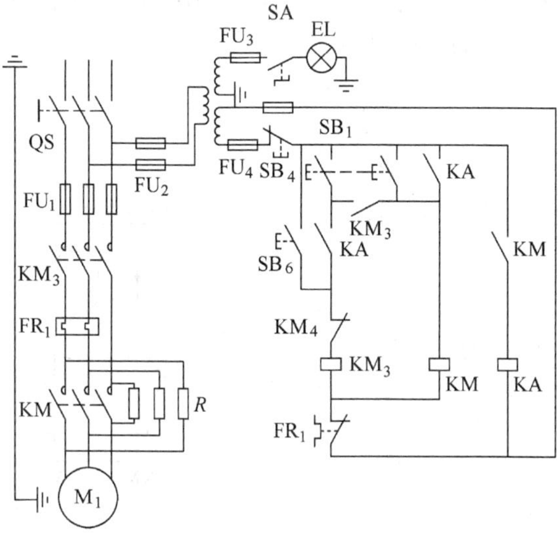

图 3-3　C650 型卧式车床的点动控制电路

（2）主轴电动机的正、反转控制电路　图 3-4 为主轴电动机正、反转控制电路。主轴电动机正转由正向起动按钮 SB_1控制，按下按钮 SB_1时，接触器 KM 首先得电动作，它的主

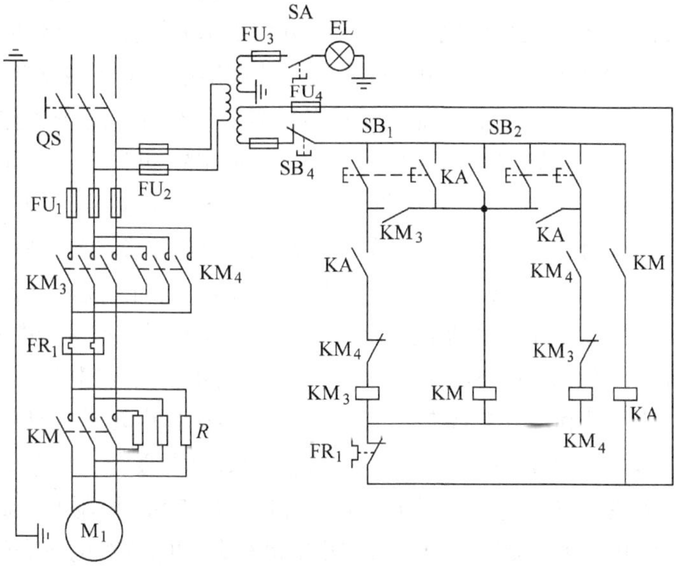

图 3-4　C650 型卧式车床的正、反转控制电路

触点闭合将限流电阻短接，接触器 KM 的辅助触点闭合使中间继电器 KA 得电，它的辅助触点闭合，使接触器 KM_3得电吸合。KM_3 主触点闭合，M_1 在全压下起动正转。控制电路中的自锁功能是由 KA 的两个常开触点和 KM_3 的辅助常开触点实现的。按下 SB_2，KM 首先吸合，再使 KA 吸合，后使 KM_4 吸合。KM_4的主触点将三相电源反接，电动机在满电压下反转起动。KM_4的常开触点和 KA 的常开触点的闭合将 KM_4线圈自锁。KM_4的常闭触点、KM_3的常闭触点分别串在对方接触器线圈的回路中，起到了电动机正转与反转的电气互锁作用。

（3）主轴电动机的反接制动控制电路　C650 型卧式车床采用了反接制动方式。当电动机的转速接近零时，用速度继电器的触点给出信号切断电动机的电源。图 3-5 是 C650 型卧式车床正转、反转与反接制动的控制电路。

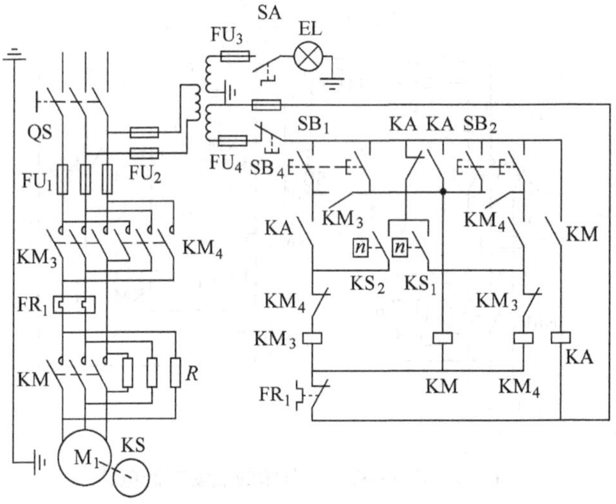

图 3-5　C650 型卧式车床的正、反转与反接制动控制电路

因为速度继电器与被控电动机是同轴联结的，当电动机正转时，速度继电器的正转常开触点 KS_1闭合；电动机反转时，速度继电器的反转常开触点 KS_2闭合。当电动机正向旋转时，接触器 KM_3和 KM、继电器 KA 都处于得电动作状态，速度继电器的正转常开触点 KS_1也是闭合的，这样就为电动机正转时的反接制动做好了准备。需要停车时，按下停止按钮 SB_4，接触器 KM 失电，其主触点断开，电阻 R 串入主回路。与此同时 KM_3也失电，断开了电动机的电源，同时 KA 失电，KA 的常闭触点闭合。这样就使反转接触器 KM_4的线圈得电，电动机的电源反接，电动机处于反接制动状态。当电动机的转速下降到速度继电器的复位状态时，速度继电器 KS 的正转常开触点 KS_1断开，切断了 KM_4线圈的通电回路，电动机脱离电源停止。

电动机反转时的制动和正转时的制动相似。当电动机反转时，速度继电器的反转常开触点 KS_2是闭合的，这时按下停止按钮 SB_4，正转接触器 KM_3 线圈得电，将电源反接，使电动机停止。

（4）刀架的快速移动和冷却泵控制　刀架的快速移动是由转动刀架手柄压动行程开关 SQ 来实现的。当手柄压动行程开关 SQ 后，接触器 KM_2得电吸合，M_3转动带动刀架快速移动。M_2为冷却泵电动机，它的起动与停止是通过按钮 SB_3和 SB_5控制的。此外，监视主回路负载的电流表是通过电流互感器接入的。为防止电动机起动电流对电流表的冲击，线路中采用一个时间继电器 KT。当起动时，KT 线圈通电，而 KT 的延时断开的常闭触点尚未动作，电流互感器二次电流只流经该触点构成闭合回路，电流表没有电流流过。起动后，KT 延时断开的常闭触点打开，此时电流流经电流表，反映出负载电流的大小。

第三节　X6132W 型万能升降台铣床的电气控制电路

一、总体情况简介

X6132W 型万能升降台铣床（以下简称 X6132W 型铣床）电气控制原理如图 3-6 所示，有如下几个特点：

1）铣床主轴电动机与进给电动机可实现正、反转，以适应顺、逆铣的工艺需要，并另设有两个电动机的变速冲动功能电路。

2）为确保准确停车和装卸刀具方便，主轴有电磁制动器。

3）进给传动链中装有电磁离合器，以执行工作台快速移动与正常进给速度、方向的切换。

4）电气控制有完善的电气联锁装置，以保证设备的使用有较高的安全性。

5）设有两套操纵按钮盒，能实行两地操纵控制。

二、电气原理分析

1. 主电路分析

开关 QS 为 X6132W 型铣床的电源总开关，熔断器 FU_1 为总电源的短路保护。该铣床共有三台电动机，M_1 为主轴电动机、M_2 为冷却泵电动机、M_3 为进给电动机。主轴电动机 M_1 的起动与停止由接触器 KM_1 的常开主触点控制，M_1 的正、反转在起动前用组合开关 SA_1 预先选择。主轴换向开关 SA_1 在换向时只调换两相相序，使电动机电源相序相反，电动机实现反向旋转。热继电器 FR_1 为主轴电动机的过载保护。进给电动机 M_3 的正、反转由接触器 KM_2 和 KM_3 的常开主触点控制，用 FU_2 作短路保护、热继电器 FR_3 作过载保护。

冷却泵电动机 M_2 接在接触器 KM_1 的常开主触点之后，所以，只有主轴电动机 M_1 工作时，M_2 才能起动。由于容量很小，故用转换开关 SA 直接控制它的起动与停止，用热继电器 FR_2 作它的过载保护。

2. 控制电路分析

（1）主轴电动机的控制

1）主轴的起动。为方便操作，主轴电动机的起动与停止，可用两套操纵按钮的任何一套控制。操纵按钮一套设在工作台的前面，另一套设在床身的侧面。起动前，先将主轴换向开关 SA_1 旋到所需的旋转方向，然后按下起动按钮 SB_5 或 SB_6，接触器 KM_1 因线圈通电而吸合，其常开辅助触点闭合自锁，常开主触点闭合，电动机 M_1 驱动主轴旋转。在主轴起动的控制电路中串联有热继电器 FR_1 和 FR_2 的常闭触点。这样，当电动机 M_1 和 M_2 中有任一台电动机过载，热继电器常闭触点的动作将使所有电动机都停止旋转。

主轴起动的控制电路为：$1 \to SA_{2-1} \to 2 \to SQ_{6-2} \to 3 \to SB_{2-1} \to 4 \to SB_{1-1} \to 6 \to SB_5$（或 SB_6）$\to KM_1$ 线圈 $\to 25 \to KT \to 22 \to FR_2 \to 23 \to FR_1 \to 24$。

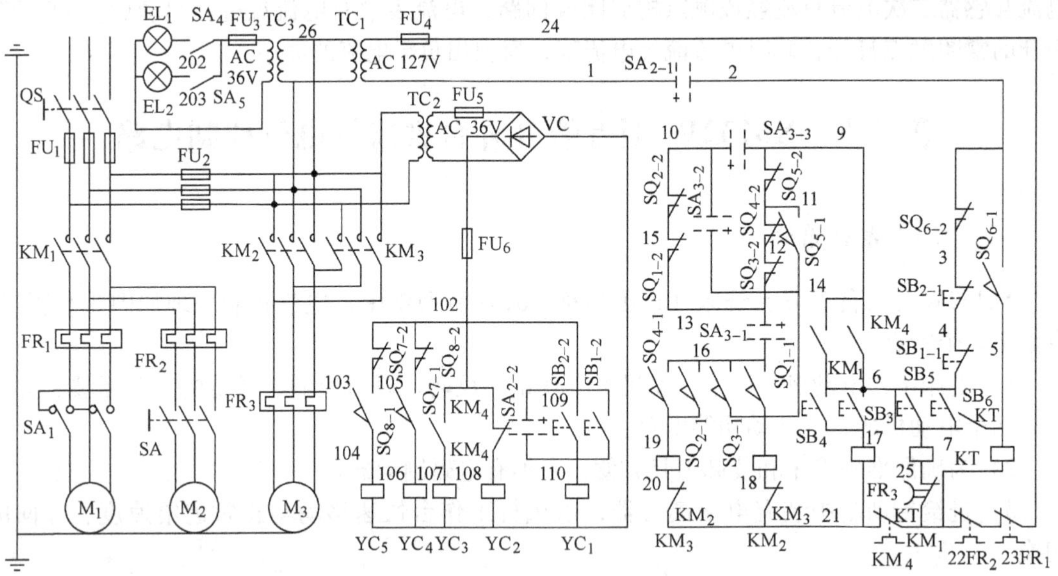

图 3-6　X6132W 型铣床电气控制原理图

2）主轴的停车制动。按下停止按钮 SB_1 或 SB_2，常闭触点 SB_{2-1}（3-4）或 SB_{1-1}（4-6）断开、接触器 KM_1 断电释放，主轴电动机因惯性继续旋转。此时，常开触点 SB_{1-2} 或 SB_{2-2}（109-110）闭合，主轴制动离合器因线圈 YC_1 通电而吸合，使主轴制动，迅速停车。

3）主轴的变速冲动。主轴变速时，在把变速手柄推回原来位置的过程中，通过机械装置使冲动开关 SQ_{6-1} 闭合一次，SQ_{6-2}（2-3）断开，切断 KM_1 接触器自锁回路，主轴电动机停转。SQ_{6-1} 瞬间闭合，时间继电器 KT 通电，常开触点（5-7）瞬间闭合，使接触器 KM_1 瞬间通电。则主轴电动机做瞬间转动，以利于变速齿轮进入啮合位置。同时，延时继电器 KT 线圈通电，常闭触点（25-22）延时断开，并断开 KM_1 接触器线圈电路，防止由于操作者延长推回手柄的时间而导致电动机冲动时间过长，变速齿轮转速过高而发生打坏轮齿的现象。

主轴正在旋转时，进行主轴变速不必先按停止按钮再变速。这是因为当变速手柄推回原来位置的过程中，通过机械装置使 SQ_{6-2}（2-3）触点断开，接触器 KM_1 因线圈断电而释放，电动机 M_1 停止转动。

4）主轴换刀时的制动。为使主轴换刀时不会转动，换刀前应将主轴制动，将主轴制动转换开关 SA_2 扳到换刀位置，它的一个触点 SA_{2-1}（1-2）断开了控制电路的电源，以保证人身安全；另一个触点 SA_{2-2}（109-110）接通了主轴制动电磁离合器线圈 YC_1，使主轴制动，换刀后再将转换开关 SA_2 扳回工作位置，使触点 SA_{2-1}（1-2）闭合，触点 SA_{2-2}（109-110）断开，切断主轴制动电磁离合器线圈 YC_1，接通控制电路的电源。

（2）进给电动机的控制　将电源开关 QS 合上，起动主轴电动机 M_1，接触器 KM_1 吸合并自锁，进给控制电路有电压，便可起动进给电动机 M_3。

1）工作台纵向（左、右）进给运动的控制。先将圆工作台的转换开关 SA_3 扳到“断开”位置。此时，转换开关 SA_3 上的各触点的通、断情况见表 3-2。

表 3-2　圆工作台转换开关 SA_3 触点的通、断情况

触点	圆工作台转换开关位置	
	接通	断开
SA_{3-1} (13－16)	－	+
SA_{3-2} (10－14)	+	－
SA_{3-3} (9－10)	－	+

将工作台纵向运动手柄扳到右边位置时，一方面机械机构将进给电动机的传动链和工作台纵向移动机构相连接，另一方面压下向右进给的微动开关 SQ_1，常闭触点 SQ_{1-2} (13－15) 断开，常开触点 SQ_{1-1} (14－16) 闭合。触点 SQ_{1-1}的闭合使正转接触器 KM_2因线圈通电而吸合，进给电动机 M_3就正向旋转，拖动工作台向右移动。

向右进给的控制回路是：9→SQ_{5-2}→11→SQ_{4-2}→12→SQ_{3-2}→13→SA_{3-1}→16→SQ_{1-1}→KM_2线圈→18KM_3→21。

将工作台纵向运动手柄扳到左边位置时，一方面机械机构使进给电动机的传动链和工作台纵向移动机构相连接，另一方面压下向左进给的微动开关 SQ_2，常闭触点 SQ_{2-2} (10－15) 断开，常开触点 SQ_{2-1} (16－19) 闭合。触点 SQ_{2-1}的闭合使反转接触器 KM_3因线圈通电而吸合，进给电动机 M_3就反向转动，拖动工作台向左移动。

向右进给的控制回路是：9→SQ_{5-2}→11→SQ_{4-2}→12→SQ_{3-2}→13→SA_{3-1}→16→SQ_{2-1}→19→KM_3线圈→20→KM_2→21。

将纵向进给手柄扳回到中间位置时，一方面纵向运动的机械机构脱开，另一方面微动开关 SQ_1和 SQ_2都复位，常开触点断开，接触器 KM_2和 KM_3释放，进给电动机 M_3停止运转，工作台也因此停止运动。

在工作台的两端各有一块挡铁，当工作台移动到挡铁碰动纵向进给手柄位置时，会使纵向进给手柄回到中间位置，实现自动停车，这就是终端限位保护。调整挡铁在工作台上的位置，便可改变停车的终端位置。

2）工作台横向（前、后）和垂直（上、下）进给运动的控制。操纵工作台横向进给运动和垂直进给运动的两个十字手柄，分别装在工作台左侧的前面和后向，两者之间有机构连接，只需操纵其中的任意一个即可，手柄有上、下、前、后和零位共五个位置。进给是由进给电动机 M_3拖动，扳动十字手柄时，传动鼓轮压下相应的行程开关 SQ_3或 SQ_4或 SQ_7或 SQ_8，使电磁离合器线圈 YC_4或 YC_5通电。在进给电动机 M_3旋转时，实现横向（前、后）或垂直（上、下）进给运动。

将十字手柄扳到向下或向前位置时，鼓轮一方面压合 SQ_8或 SQ_7，通过电磁离合器线圈 YC_4或 YC_5，控制离合器将进给电动机 M_3的传动链和垂直进给或横向进给机构连接；另一方面压下微动开关 SQ_3，常闭触点 SQ_{3-2} (12－13) 断开，常开触点 SQ_{3-1} (14－16) 闭合。正转接触器 KM_2因线圈通电而吸合，进给电动机 M_3正向转动，工作台向下或向前移动。

向下、向前的控制回路是：6→KM_1→9→SA_{3-3}→10→SQ_{2-2}→15→SQ_{1-2}→13→SA_{3-1}→16→SQ_{3-1}→KM_2线圈→18→KM_3→21。

向下、向前的控制回路相同，电动机 M_3正转。而电磁离合器通电不一样，向下时压下 SQ_8，电磁离合器线圈 YC_5通电；向前时压下 SQ_7，电磁离合器线圈 YC_4通电，改变传动链。

将十字手柄扳到向上或向后位置时，鼓轮一方面压下微动开关 SQ_4，常闭触点 SQ_{4-2}（11－12）断开，常开触点 SQ_{4-1}（16－19）闭合，反转接触器 KM_3 因线圈通电而吸合，进给电动机 M_3 反向转动。另一方面操纵鼓轮压下微动开关 SQ_7 或 SQ_8。如向后，则压下 SQ_7，使电磁离合器线圈 YC_4 通电，接通横向传动链，进给电动机 M_3 反向转动，向后移动；如向上，压下 SQ_8，使电磁离合器线圈 YC_5 通电，接通升降传动链，进给电动机 M_3 反向转动，向上移动。

向上、向后的控制回路是：$6 \to KM_1 \to 9 \to SA_{3-3} \to 10 \to SQ_{2-2} \to 15 \to SQ_{1-2} \to 13 \to SA_{3-1} \to 16 \to SQ_{4-1} \to 19 \to KM_3$ 线圈 $\to 20 \to KM_2 \to 21$。

向上、向后的控制回路相同，电动机 M_3 反转。而电磁离合器通电不一样，向上时，在压下 SQ_4 的同时压下 SQ_8，电磁离合器线圈 YC_5 通电；向后时，在压下 SQ_4 的同时压下 SQ_7，电磁离合器线圈 YC_4 通电，改变传动链。

手柄回到中间位置时，机械机构脱开，各开关复位，接触器 KM_2 和 KM_3 释放，进给电动机 M_3 停止转动，工作台则停止运动。

工作台前、后移动和上、下移动均有限位保护，其原理与前面介绍的纵向移动限位保护的原理相同。

3）工作台的快速移动。在调整机床时，为缩短调整时间，可快速调整工作台的位置，也就是使工作台快速移动。

主轴起动后，将操纵工作台进给的手柄扳到所需的运动方向，工作台便按操纵手柄指定的方向慢速进给。此时如按下快速移动按钮 SB_3 或 SB_4，接触器 KM_4 因线圈通电而吸合。KM_4 在直流电路中的常闭触点（102－108）断开，进给电磁离合器线圈 YC_2 脱离。KM_4 在直流电路中的常开触点（102－107）闭合，快速移动电磁离合器线圈 YC_3 通电。接通快速移动传动链，工作台按原操纵手柄指定的方向快速移动。松开快速移动 SB_3 或 SB_4 时，接触器 KM_4 因线圈断电而释放。快速移动电磁离合器线圈 YC_3 因 KM_4 的常开触点（102－107）断开而断电，M_2 因而断开快速传动链。同时，进给电磁离合器线圈 YC_2 因 KM_4 的常闭触点（102－108）闭合而接通，使 M_1 接通进给传动链，工作台便以原进给速度和方向继续移动。

4）进给变速冲动。为使进给变速时齿轮容易啮合，进给也有变速冲动。变速前也应先起动主轴电动机 M_1，使接触器 KM_1 吸合，它在进给变速冲动控制电路中的常开触点（6－9）闭合，为变速冲动做准备。

变速时将变速盘往外拉到极限位置，再把它转到所需的速度，最后将变速盘往里推。在推的过程中挡块压一下微动开关 SQ_5，常闭触点 SQ_{5-2}（9－11）断开一下，同时其常开触点 SQ_{5-1}（11－14）也闭合一下，接触器 KM_2 短时吸合，进给电动机 M_3 转动一下。当变速盘推到原位时，变速后的齿轮已啮合完毕。

变速冲动的控制回路是：$6 \to KM_1 \to 9 \to SA_{3-3} \to 10 \to SQ_{2-2} \to 15 \to SQ_{1-2} \to 13 \to SQ_{3-2} \to 12 \to SQ_{4-2} \to 11 \to SQ_{5-1} \to 14 \to KM_2$ 线圈 $\to 18 \to KM_3 \to 21$。

5）应用圆工作台的控制。圆工作台是机床的附件，在铣削圆弧和凸轮等曲线时，可在工作台上安装圆工作台进行铣切。圆工作台由进给电动机 M_3 经纵向传动机构传动，在开动圆工作台前，先将圆工作台转换开关 SA_4 转到“接通”位置。由表 3-2 可知，SA_3 的触点 SA_{3-1}（13－16）断开，SA_{3-2}（10－14）闭合，SA_{3-3}（9－10）断开，将工作台的进给操作手柄扳到中间位置，按下主轴起动按钮 SB_5 或 SB_6，接触器 KM_1 吸合并自锁，圆工作台的

控制电路中 KM_1 的常开辅助触点（6－9）闭合，接触器 KM_2 也吸合，进给电动机 M_3 正转，拖动圆工作台转动。由于只能接触器 KM_2 吸合，KM_3 不能吸合，所以圆工作台只能沿一个方向转动。

圆工作台的控制回路是：6→KM_1→9→SQ_{5-2}→11→SQ_{4-2}→12→SQ_{3-2}→13→SQ_{1-2}→15→SQ_{2-2}→10→SA_{3-2}→14→KM_2 线圈→18→KM_3→21。

6）进给与主轴转动的联锁控制。只有主轴电动机 M_1 起动后，才能起动进给电动机 M_3；主轴电动机起动时，接触器 KM_1 吸合并自锁，KM_1 常开辅助触点（6－9）闭合，进给控制电路有电压，此时才能使接触器 KM_2 或 KM_3 吸合而起动进给电动机 M_3。如工作中的主轴电动机 M_1 停止转动，进给电动机 M_3 也会跟着停止转动。这样，可防止在主轴不转时，工件与铣刀相撞而损坏机床。

7）工作台进给的联锁。工作台两个以上方向同时进给容易造成事故。由于工作台的左、右移动是由一个纵向进给手柄控制，同一时间内不会又向左又向右。工作台的上、下、前、后运动是由同一十字手柄操作，同一时间内这四个方向也只能朝一个方向进给，所以只要保证两个操纵手柄都不在零位时，一个工作台不会沿两个方向同时进给即可。控制电路中的联锁解决了这一问题，在联锁回路中，将纵向进给手柄可能压下的微动开关 SQ_1 和 SQ_2 的常闭触点 SQ_{1-2}（13－15）和 SQ_{2-2}（10－15）串联在一起，再将垂直进给和横向进给的十字手柄可能压下的微动开关 SQ_3 和 SQ_4 的常闭触点 SQ_{3-2}（12－13）和 SQ_{4-2}（11－12）串联在一起，并将这两个串联电路并联起来，用以控制接触器 KM_2 和 KM_3 的线圈通路。如两个操作手柄都不在零位，则有不同支路的两个微动开关被压下，其常闭触点的断开使两条并联的支路都断开。进给电动机 M_3 因接触器 KM_2 和 KM_3 的线圈都不能通电而不能起动。

8）进给变速与进给运动的联锁控制。为安全起见，进给变速冲动时不能有进给运动。当进给变速冲动时，短时间压下微动开关 SQ_5，其常闭触点 SQ_{5-2}（9－11）断开，常开触点 SQ_{5-1}（11－14）闭合。两个进给手柄可能压下微动开关 SQ_1 或 SQ_2、SQ_3 或 SQ_4，此时，由于其四个常闭触点 SQ_{1-2}、SQ_{2-2}、SQ_{3-2} 和 SQ_{4-2} 是串联在一起的，如有一个进给操纵手柄不在零位，则因微动开关常闭触点的断开而使接触器 KM_2 不能吸合，进给电动机 M_3 也就不能转动，防止了进给变速冲动时，工作台在移动。

9）圆工作台转动与工作台进给运动的联锁控制。圆工作台转动时，工作台不能有进给运动。当圆工作台的转换开关 SA_3 转到“接通”位置时，两个进给手柄可能会压下开关 SQ_1 或 SQ_2、SQ_3 或 SQ_4。其四个常闭触点 SQ_{1-2} 或 SQ_{2-2}、SQ_{3-2} 或 SQ_{4-2} 是串联在一起的，如有一个进给操纵手柄不在零位，则因开关常闭触点的断开而使接触器 KM_2 不能吸合，进给电动机 M_3 不能转动，圆工作台也就不能转动。只有在两个操纵手柄恢复到零位时，进给电动机 M_3 方可旋转，圆工作台才能转动。

（3）照明电路　照明变压器 TC_3 将 380V 的交流电压降到 36V 的安全电压，供照明用。照明电路由开关 SA_5、SA_4 分别控制灯泡 EL_1 和 EL_2，熔断器 FU_3 用作照明电路的短路保护。

整流变压器 TC_2 输出低压交流电，经桥式整流电路供给五个电磁离合器以 36V 的直流电源，控制变压器 TC_1 输出 127V 的交流控制电压。表 3-3 为 X6132W 型铣床的主要电气设备元件。

表 3-3 X6132W 型铣床的主要电气设备元件

元件符号	名称及用途	元件符号	名称及用途
M_1	主轴电动机	SA_1	主轴正反转转换开关
M_2	冷却泵电动机	SA_2	主轴制动转换开关
M_3	进给电动机	SA_3	圆工作台转换开关
KM_1	主轴接触器	SA_4，SA_5	照明开关
KM_2	进给正转接触器	YC_1	主轴制动电磁离合器线圈
KM_3	进给反转接触器	YC_2	进给电磁离合器线圈
KM_4	快速移动接触器	YC_3	快速移动电磁离合器线圈
TC_1	控制变压器	YC_4	横向进给电磁离合器线圈
TC_2	整流变压器	YC_5	升降电磁离合器线圈
TC_3	照明变压器	SQ_1	向右用微动开关
VC	整流器	SQ_2	向左用微动开关
FR_1	主电动机热继电器	SQ_3	向下、向前用微动开关
FR_2	冷却泵电动机热继电器	SQ_4	向上、向后用微动开关
FR_3	进给电动机热继电器	SQ_5	进给变速冲动开关
FU_1	总电源保护熔断器	SQ_6	主轴变速冲动开关
FU_2	进给电动机保护熔断器	SQ_7	横向开关
FU_3	照明保护熔断器	SQ_8	升降开关
FU_4	控制保护熔断器	EL_1，EL_2	照明灯
FU_5	整流保护熔断器	SB_1，SB_2	主轴停止按钮
FU_6	直流保护熔断器	SB_3，SB_4	快速移动按钮
QS	电源转换开关	SB_5，SB_6	主轴起动按钮
SA	冷却泵起停用开关	KT	主轴变速冲动用时间继电器

习 题

3.1 CA6140 型卧式车床有哪些电气保护措施？分别用哪些电气元器件实现的？

3.2 CA6140 型卧式车床照明电路、指示灯电路和控制电路的供电电压各为多少？

3.3 C650 型卧式车床主轴正、反转是如何实现的？

3.4 C650 型卧式车床主轴正、反向反接制动是如何实现的？

3.5 简述 C650 型卧式车床电气控制电路中时间继电器的作用。

第四章　电气控制系统设计基础

第一节　电气控制系统设计的基本原则和内容

在现代控制设备中，机—电、液—电、气—电配合得越来越密切，因此，进行电气控制系统的设计必须遵循以下基本原则：在充分满足生产设备和生产工艺对电气控制系统要求的前提下，力求运行安全、可靠，动作准确，结构简单、经济，电动机及电气元器件选用合理，操作、安装、调试和维修方便。

电气控制系统设计的内容包括两个方面：一是确定拖动方式，选择电动机的型号、容量、结构形式，二是设计电气控制电路、选择电气元器件、设计电气控制设备安装图和接线图。因此，电气控制系统设计的基本步骤是：

（1）拟定电气控制系统设计任务书　电气控制系统设计任务书是整个电气设计的依据，任务书中除扼要地说明所设计设备的用途、加工工艺、技术性能及工作条件外，还需说明该设备的拖动特性、控制特性及操作功能等。

（2）确定拖动（传动）方案、选择电动机　根据设备的要求，确定电动机的数量、用途和拖动方式。如果生产设备的各部分之间不需要保证一定的内在联系，则适合采用多台电动机分别拖动的方式，以缩短设备的传动链，提高传动效率，简化设备结构。

根据设备中主要电动机的负载情况、调速范围及对起动、反向、制动的要求确定拖动方式。一般设备采用交流拖动系统，利用齿轮箱变速，为了扩大调速范围、简化设备结构，也可采用双速或多速笼型异步电动机及绕线转子异步电动机。如果设备对起动、制动要求很高，需要无级调速，应该采用直流电动机调速系统或交流变频调速系统。与此同时需要注意到电动机调速的性质，应当与负载特性相适应。例如负载需要恒功率调速时，可采用定子绕组由三角形改为双星形联结的双速电动机或直流他励电动机的调磁调速。负载需要恒转矩调速时，可选用定子绕组由星形联结改成双星形的交流双速电动机或直流他励电动机的调压调速。

根据电动机的工作方式和负载情况选择电动机的容量，确定电动机的型号和结构方式。

（3）确定控制方案　为了保证设备动作协调、准确，充分发挥其效能，在确定控制方案时，应考虑到以下几点：

1）确定控制方式。根据控制设备复杂程序及生产工艺精度要求的不同，可以选择几种不同的控制方式。例如：继电器—接触器控制、顺序控制、PLC 控制、计算机联网控制等。

2）满足控制电路对电源种类、工作电压、频率等的要求。

3）构成自动循环。画出设备工作循环简图，确定行程开关的位置。如对电液控制确定电磁铁和电磁阀的通断状态，列出上述电气元器件与执行动作的关系表。

4）确定控制系统的工作方法。一台设备可能有不同的工作方式，例如自动循环、手动调整、动作程序转换及控制系统中的检测等，逐个予以实现。

5）妥善地考虑联锁关系及电气保护。联锁关系及电气保护是保证设备运动、操作相互协调及正常执行的条件，所以在制定控制方案时，必须全面地考虑设备运动规律和各动作的制约关系，完善保护措施。

（4）画出电气控制电路原理图。

（5）选择电气元器件，制定电动机和电气元器件明细表。

（6）设计电气柜、操纵台、电气安装板，画出电动机和电气元器件的总体布置图。

（7）绘制电气控制电路装配图及接线图。

（8）编写设计计算说明书和使用说明书。

第二节　电气控制电路原理图的设计方法

设计电气控制电路原理图有经验设计法和逻辑设计法两种方法。下面主要介绍经验设计法。

经验设计法是根据控制任务将控制系统划分为若干控制环节，参考典型控制电路，逐一设计，然后考虑各环节之间的联锁关系，经过补充、修改，综合成完整的控制电路。

设计过程中需要考虑以下几个基本原则：

（一）充分满足生产机械和生产工艺对电气控制线路的要求

下面结合设计实例做具体的说明。

1. 设计任务书

某钻床由两台交流电动机拖动，摇臂升降电动机 M_1 实现摇臂上下移动，液压泵电动机 M_2 提供夹紧用的高压油，通过活塞推动菱形块夹紧机构，完成该设备的辅助运动。液压系统行程开关的位置如图 4-1 所示，主轴箱、立柱和摇臂的放松夹紧由该系统实现。油箱的油经二位六通电磁换向阀 YV 控制，当 YV 断电时，接通主轴箱和立柱夹紧液压缸的油路，当 YV 通电时，接通摇臂夹紧液压缸的油路。放松和夹紧的动作靠改变油路内油流的方向来控制，即 M_2 正转时放松，反转时夹紧。设备对电气控制电路要求如下：

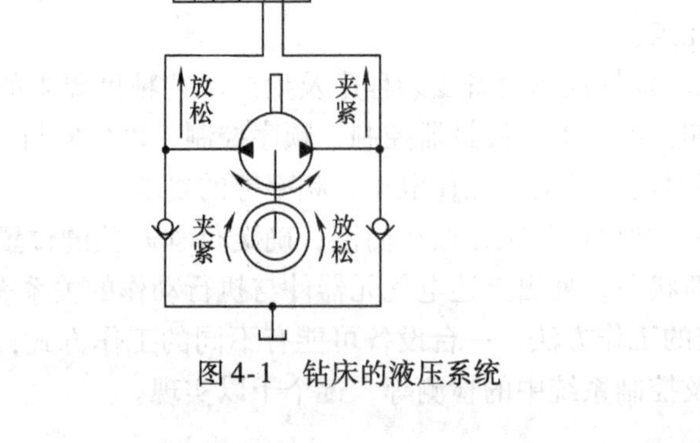

图 4-1　钻床的液压系统

1）保证摇臂放松后才能自动起动电动机 M_1，使摇臂升降。

2）摇臂升降到需要的位置，电动机 M_1 完全停止旋转后自动夹紧摇臂。

3）可以实现立柱、主轴箱的夹紧与放松。

4）电路中具有必要的保护环节。

2. 设计控制电路原理图

（1）设计主电路　根据控制任务，需要两台电动机，升降电动机 M_1 和液压泵电动机 M_2 均由电气控制电路实现正、反转，采用 4 个接触器 KM_1、KM_2 和 KM_3、KM_4 分别控制。

（2）设计基本控制电路　因为钻床的辅助运动只在设备需要调整时进行，所以，用 4 只按钮点动控制 4 个接触器的线圈，如图 4-2 所示。但这个控制电路不能实现摇臂放松后自动升降，也不能实现摇臂升降到位自动夹紧以及摇臂放松、夹紧后自动停止液压泵电动机 M_2，这需要恰当地选择控制参量来实现上述自动过程。

（3）选择控制参量，设计自动控制环节　选用行程参量来反映摇臂夹紧、放松的程度，放松到位压下行程开关 SQ_3，夹紧到位压下行程开关 SQ_4。如果放松不到位，SQ_3 就不动作，那么，控制升降电动机 M_1 的接触器 KM_1（或 KM_2）就不能通电，保证摇臂一定要先完全松开，然后才允许升、降。摇臂的升、降用行程开关 SQ_1 和 SQ_2 限位保护。

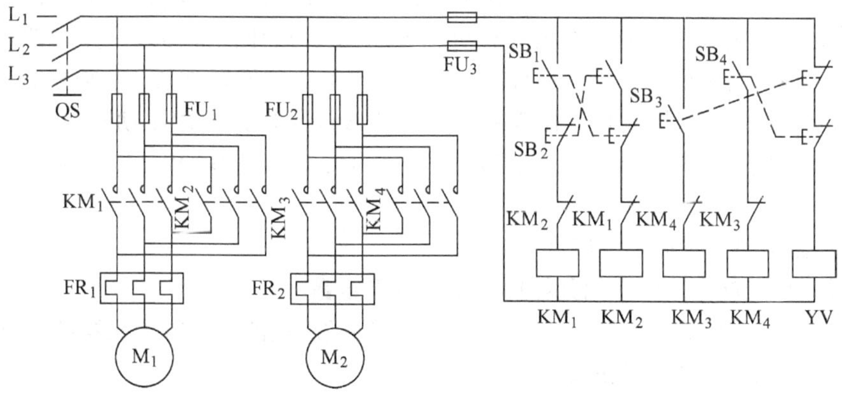

图 4-2　主电路及控制电路草图

选用时间参量控制夹紧开始的延迟时间。时间继电器的作用是保证升降电动机断电后完全停止旋转（摇臂完全停止升降），才能去夹紧摇臂，延时时间视润滑摩擦情况，在 1 ~ 3s 内调整。

（4）设计保护环节　电路中接入短路、过载、零电压、上下限位保护。摇臂夹紧、放松，立柱、主轴箱夹紧、放松，摇臂升降均由电气互锁；摇臂与立柱、主轴箱之间由液压及电气双重互锁。

（5）电路的完善和校核　控制电路初步设计完毕后，可能还有不合理的地方，应仔细校核，例如进一步简化以节省触点数，节省电器间连接线等。特别应该对照生产要求再次分析所设计电路是否逐条予以实现，电路在误操作时是否会产生事故。

完整的控制电路如图 4-3 所示。校核摇臂升降控制功能的步骤如下：

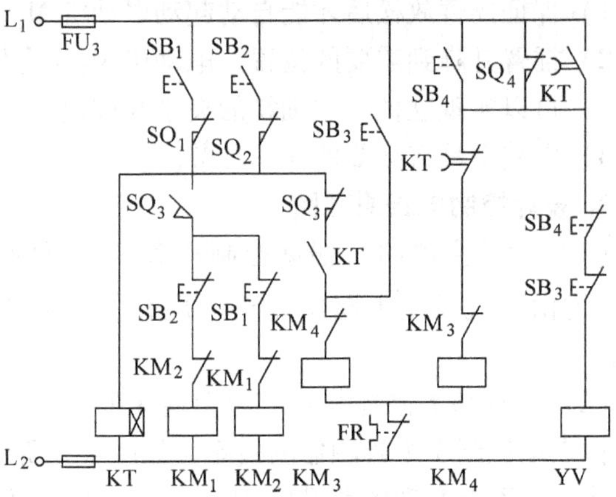

图 4-3　完整的控制电路

摇臂的上升（或下降），是通过上升（或下降）按钮 SB_1（或 SB_2）控制的。按下按钮 SB_1（或 SB_2），时间继电器 KT 吸合，其常开触点使电磁阀 YV、接触器 KM_3 同时通电动作，接触器 KM_3 控制液压泵电动机 M_2 旋转，供给的高压油经两位六通阀，进入摇臂松开油腔，推动活塞和菱形块，使摇臂松开；同时，活塞杆通过弹簧片压动限位开关 SQ_3，其常闭触点动作，断开接触器 KM_3 电路，KM_3 释放，接触器 KM_1（或 KM_2）立即吸合。液压泵电动机停止工作，而升降电动机 M_1 被接通，带动摇臂上升（或下降）。

当摇臂上升（或下降）到预定位置时，松开按压的按钮 SB_1（或 SB_2），接触器 KM_1（或 KM_2）和时间继电器 KT 断电释放，摇臂升降电动机停止工作，摇臂上升（下降）开始停止。经 1～3s 延时，上升（下降）动作完全停止。时间继电器 KT 的常闭延时闭合触点闭合，接通接触器 KM_4，KM_4 控制液压泵电动机 M_2 反转，液压油经另外一条油路流入二位六通阀，再进入摇臂夹紧油腔，反方向推动活塞与菱形块，使摇臂夹紧。从放松到夹紧的整个过程电磁阀 YV 都始终保持吸合。摇臂夹紧后，活塞杆通过弹簧片压动限位开关 SQ_4，SQ_4 的常闭触点动作断开了接触器 KM_4 及电磁阀 YV 的电源，电磁阀 YV 复位，液压泵电动机 M_2 断电，停止工作。

（二）控制电路力求简单、经济

1. 尽量减少控制电路中所用元器件数量及触点数量

如图 4-4、图 4-5 所示，采用合并开关、合并同类触点的方法减少元器件数量。

2. 合理安排电气元器件及触点的位置

凡安装在同一处的元器件，其触点位置应接在电源的同一相线上，以减少主令开关与电气箱间长连线数量，故图 4-6b 比图 4-6a 更符合要求。这种接线方法也便于安装与维护，同时可避免行程开关在断开时，由于产生电弧可能造成的电源短路、触点烧毁的故障。

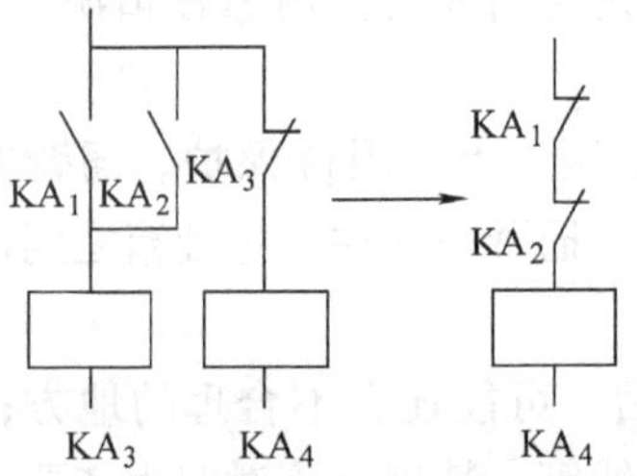

图 4-4　减少元器件数量

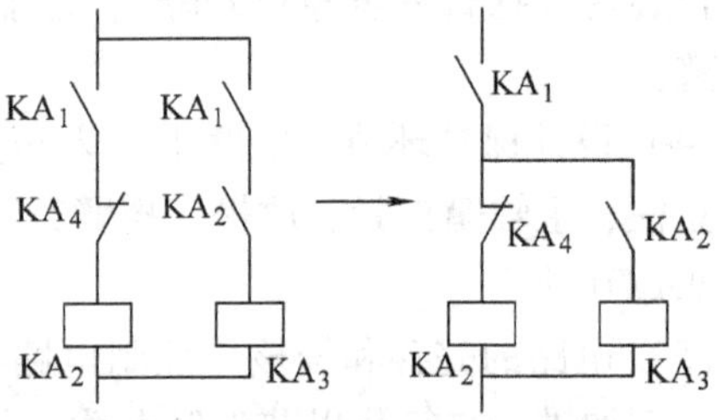

图 4-5　合并同类触点

3. 尽量减少电气元器件的通电时间

控制电路运行中，除必要的元器件必须通电外，其余的尽量不通电。以实现能耗制动的控制电路为例（图 4-7a 为主电路），图 4-7b 中的时间继电器 KT，在电动机 M 运行时一直通电；而图 4-7c 中，KT 只在按停止按钮 SB_1 瞬间短时通电，这样不仅节省电能，而且能延长电气元器件的寿命。

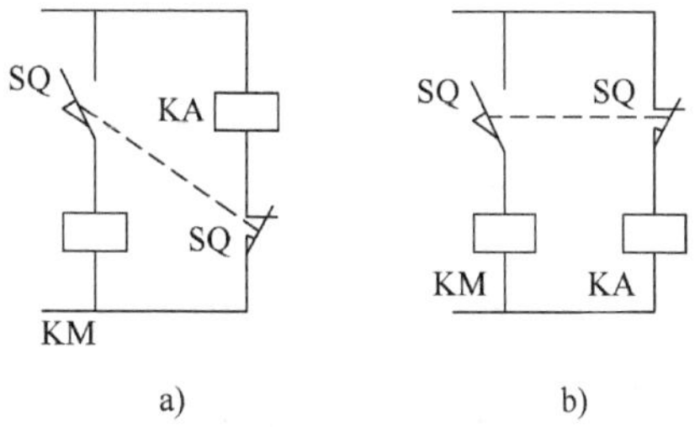

图 4-6　电气元器件及触点的连接

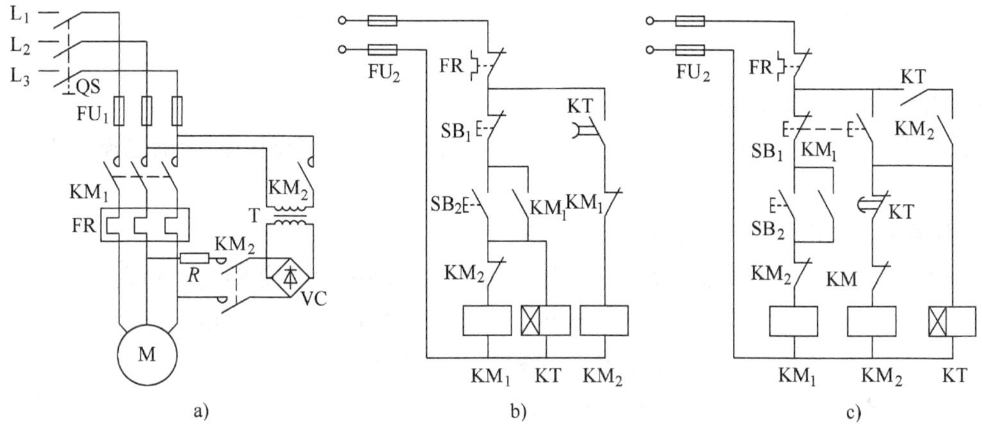

图 4-7　减少元器件的通电时间

（三）保证控制电路工作安全可靠

1. 不允许将两个交流电器的线圈串联使用

即使两个交流电器型号相同，每一线圈的电压均为电源电压的一半，也不准将两个线圈串联使用。因为两个电器动、静铁心气隙总会略有差异，两个电器的线圈通电后就不会同时动作。先吸合的电器，因为磁路闭合，阻抗增加，该线圈两端电压增加，使另一线圈电压达不到电器动作的电压值。故两个交流电器需要同时动作时，两个电器的线圈必须用并联接法。

2. 减少被控制的元器件在接通时所经过的触点数

图 4-8a 中的继电器 KA_3 需要在 KA、KA_1、KA_2 相继动作后才接通。改为图 4-8b 接线，每一继电器的接通只需经过一对触点，工作可靠性大大提高了。

3. 控制电路中应避免出现寄生电路

在图 4-9 所示正反转控制电路中，接入反映电动机工作状态的信号指示灯。如果电动机正转（KM_1 通电）过载时，热继电器 FR 常闭触点断开，在该电路中将出现意外接通的回路，如图虚线所示。这种不是由误操作意外引起的电流通路称为寄生回路，它可能使正向接触器 KM_1 无法释放，过载保护不起作用，而损坏电动机。

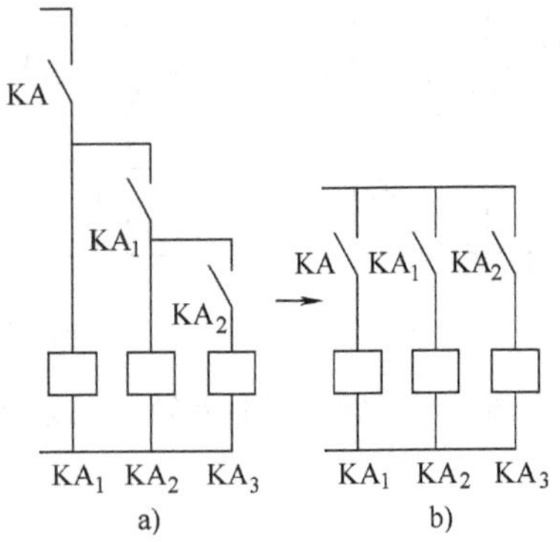

图 4-8　触点的连接

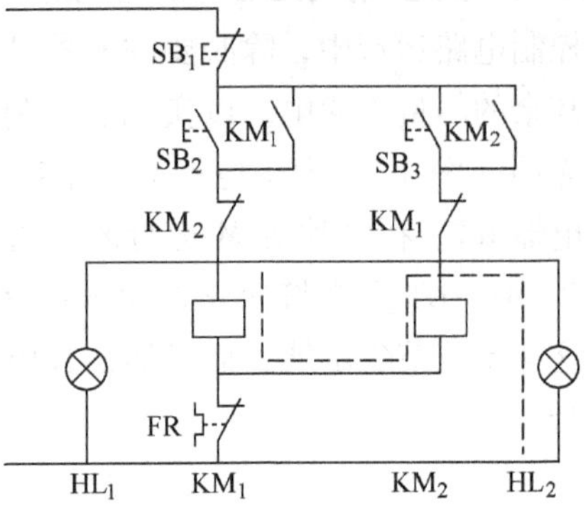

图 4-9　寄生电路

4. 注意控制电路的换接

控制电路的换接应尽量在电流较小的电路中进行，并注意控制电路中的电流应小于触点的额定电流。

5. 妥善地考虑联锁关系，完善保护环节

根据控制任务必须妥善地考虑联锁关系，并且在电路中考虑接入必要的保护环节，如短路、过载、过电流、欠电流、过电压、欠电压、断相、限位保护等，同时注意设有合闸、断开、安全、事故报警的指示信号，提供仪表检测及照明装置。

6. 保证操作、安装、调整、维修方便和安全

为避免带电维修，每台设备均应装有隔离开关。根据需要可设置手动控制及点动控制，以便于调整设备。必要时可设多点控制开关使操作者可在几个位置均能控制设备。需要注意的是，装有手动电器的控制电路和带行程开关的控制电路，一定要有零电压保护环节，以避免由于断电时手动开关没扳到分断位置或行程开关恰好被压动，在恢复供电时造成意外事故。还要注意，实际上总有误操作的可能性，因此在控制电路中应该加入必要的联锁保护。

第三节　常用电气元器件的选择

电路设计完成之后，就应着手进行有关电气元器件的选择。一个大型的自动控制系统常由成百上千个电气元器件组成，假如其中有一个元器件失灵，就会影响整个控制系统的正常工作。因此，正确合理地选择电气元器件，是控制电路安全、可靠工作的重要保证。电气元器件选择的基本原则是：

1）按对电气元器件的功能要求确定电气元器件的类型。

2）确定电气元器件的承载能力的临界值及使用寿命。根据元器件控制的电压、电流及功率大小确定电气元器件的规格。

3）确定电气元器件的预期工作环境及供应情况。

4）根据电气元器件在应用中所需要的可靠性进行选择。

一、按钮、开关类电器的选择

1. 按钮

按钮主要根据所需要的触点数、使用场合、颜色标注以及额定电压、额定电流进行选择。

2. 行程开关

行程开关主要根据机械设备运动方式与安装位置，挡铁的形状、速度、工作力、工作行程、触点数量，以及额定电压、额定电流来选择。

3. 万能转换开关

万能转换开关根据控制对象的接线方式、触点形式与数量、动作顺序和额定电压、额定电流等参数进行选择。

4. 刀开关

刀开关用于不频繁接通和断开，且长期工作的机械设备的电源引入，根据电源种类、电压等级、电动机容量及控制的极数进行选择。用于照明电路时，刀开关的额定电压、额定电流应等于或大于电路最大工作电压与工作电流；用于电动机直接起动时，刀开关的额定电压为 380V 或 500V，额定电流应等于或大于电动机额定电流的 3 倍。

5. 组合开关

组合开关主要用于电源的引入。根据电流种类、电压等级、所需触点的数量及电动机容量进行选择。当控制 7kW 以下电动机的起动、制动时，组合开关的额定电流应等于电动机额定电流的 3 倍。若不直接用于起动和制动时，其额定电流只需稍大于电动机的额定电流。

6. 低压断路器

低压断路器的选择包括正确选用开关的类型、容量等级和保护方式。在选用之前，必须对保护对象的容量、使用条件及要求进行详细的调查，通过必要的计算后，再对照产品使用说明书的数据进行选用。

1）低压断路器的额定电压和额定电流应不小于电路的正常工作电压和工作电流。

2）热脱扣器的整定电流应与所控制的电动机的额定电流或负载额定电流一致。

3）电磁脱扣器的瞬时脱扣整定电流应大于负载电路正常工作时的峰值电流。对于电动机来说，低压断路器电磁脱扣器的瞬时脱扣整定电流值应大于等于电动机起动电流的 1.7 倍。

二、熔断器的选择

熔断器的选择主要是选择熔断器的类型、额定电压、熔断器额定电流和熔体额定电流等。

1. 熔断器类型的选择

选择熔断器的类型时，主要依据负载的保护特性和短路电流的大小。例如，用于保护照明电路和电动机的熔断器，一般是考虑它们的过载保护，这时，希望熔断器的熔化系数适当小些，所以容量较小的照明电路和电动机宜采用熔体为铅锌合金的 RC1A 系列熔断器，而大容量的照明电路和电动机，除过载保护外，还应考虑短路时的分断短路电流能力，若短路电流较小时，可采用熔体为锡质的 RC1A 系列或熔体为锌质的 RM10 系列熔断器。用于车间低压供电电路的保护熔断器，一般是考虑短路时的分断能力，当短路电流较大时，宜采用具有较高分断能力的 RL6 系列熔断器；当短路电流相当大时，宜采用有限流作用的 RT14 及 RT12 系列熔断器。

2. 熔体额定电流的选择

1）用于保护照明或电热设备的熔断器，因为负载电流比较稳定，所以熔体的额定电流应等于或稍大于负载的额定电流，即

$$I_{re} \geqslant I_e$$

式中，I_{re}为熔体的额定电流；I_e 为负载的额定电流。

2）用于保护单台长期工作电动机的熔断器，考虑电动机起动时不应熔断，即

$$I_{re} \geqslant (1.5 \sim 2.5) I_e$$

式中，I_{re}为熔体的额定电流；I_e 为电动机的额定电流，轻载起动或起动时间比较短时，系数可取近 1.5，带重载起动或起动时间比较长时，系数可取近 2.5。

3）用于保护频繁起动电动机的熔断器，考虑频繁起动时发热熔断器也不应熔断，即

$$I_{re} \geqslant (3 \sim 3.5) I_e$$

式中，I_{re}为熔体的额定电流；I_e 为电动机的额定电流。

4）用于保护多台电动机的熔断器，在出现尖峰电流时也不应熔断。通常，将其中容量最大的一台电动机起动，而其余电动机正常运行时出现的电流作为其尖峰电流，为此，熔体的额定电流应满足下述关系，即

$$I_{re} \geqslant (1.5 \sim 2.5) I_{emax} + \sum I_e$$

式中，I_{emax}为多台电动机中容量最大的一台电动机的额定电流；$\sum I_e$ 为其余电动机的额定电流之和。

5）为防止发生越级熔断，上、下级（即供电干、支线）熔断器间应有良好的协调配合，为此应使上一级（供电干线）熔断器的熔体额定电流比下一级（供电支线）大 1 ~2 个级差。

3. 熔断器额定电压的选择

熔断器的额定电压应等于或大于所在电路的额定电压。

三、交流接触器的选择

一般根据接触器所控制的负载性质来选择接触器的类型。生产中广泛使用中小容量的笼型电动机，而且是一般负载。根据电动机（或其他负载）的功率和操作情况来确定接触器主触点的电流等级。当接触器的使用类别与所控制负载的工作任务相对应时，一般应使主触点的电流等级与所控制的负载相当，或稍大一些。额定电流应大于或等于被控回路的额定电流；吸引线圈的额定电压应与所接控制电路的电压一致；触点数量和种类应满足主电路和控制电路的要求。

四、继电器的选择

1. 电磁式通用继电器

选用时首先考虑的是交流类型或直流类型，然后根据控制电路的需要，确定是采用电压

继电器还是电流继电器，或中间继电器。作为保护用的应考虑是过电压（过电流）、欠电压（欠电流）继电器的动作值和释放值，中间继电器触点的类型和数量，以及选择励磁线圈的额定电压或额定电流。

2. 时间继电器

根据时间继电器的延时方式、延时精度、延时范围、触点形式及数量、工作环境等因素确定采用何种形式的时间继电器，然后选择线圈的额定电压。

3. 热继电器

热继电器结构形式的选择主要取决于电动机绕组联结方式及是否需要断相保护。

对于一般使用场合，热继电器热元件的整定电流可取为电动机额定电流的95%～105%；对于过载能力较差的电动机，热元件的整定电流为电动机额定电流的60%～80%；对于重复短时工作制的电动机，其过载保护不宜选用热继电器，而应选用温度继电器。

4. 速度继电器

根据机械设备的安装情况及额定工作转速，选择合适的速度继电器型号。

第四节　电气控制电路原理图的设计举例

一、电动机控制

【例4-1】 某仓库需安装一台自动循环送料小车，如图4-10所示。其控制要求为：按下起动按钮，小车（由电动机带动）沿圆形导轨按顺时针方向运行。到达A点自动停止，由人工装料。装料完成后，小车继续沿导轨运行。到达B点自动停止，由人工卸料。装料和卸料的时间由时间继电器设定。卸料完成后小车继续沿导轨到A点装料。如此循环，直到按下停止按钮。

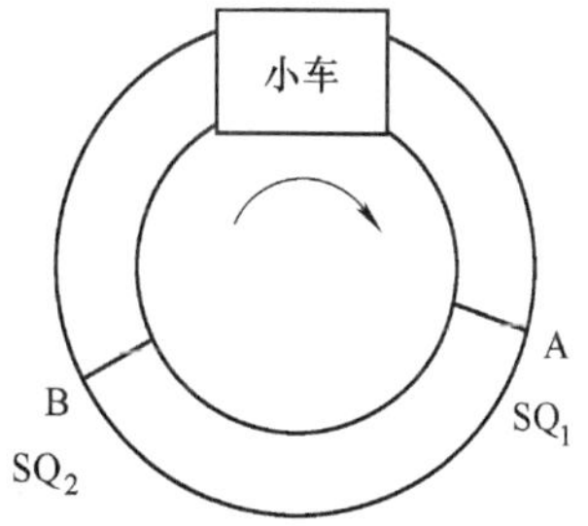

图4-10　送料小车运行循环图

根据控制要求，设计出其电气控制电路原理图，如图4-11所示。

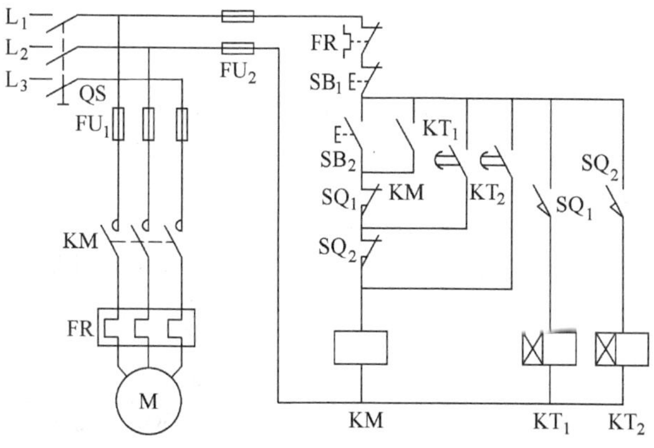

图4-11　送料小车电气控制电路原理图

其控制过程如下：合上刀开关 QS，按下起动按钮 SB_1，接触器 KM 线圈得电并自锁，KM 主触点闭合，电动机起动，带动小车沿导轨按顺时针方向运行，到达 A 点碰到行程开关 SQ_1，其常闭触点断开，使 KM 线圈断电，KM 主触点断开电动机电源，使小车停止，进行装料。同时，SQ_1常开触点闭合，使时间继电器 KT_1线圈得电，延时一定时间后，KT_1的常开延时闭合触点闭合，使 KM 线圈再次得电并自锁，电动机再次起动带动小车继续运行，到达 B 点碰到行程开关 SQ_2，其常闭触点断开，使 KM 线圈断电，KM 主触点断开电动机电源，使小车停止，进行卸料。同时，SQ_2常开触点闭合，使时间继电器 KT_2线圈得电，延时一定时间后，KT_2的常开延时闭合触点闭合，使 KM 线圈再次得电并自锁，电动机再次起动带动小车继续运行。按下停止按钮，KM 线圈断电，小车随时停止。熔断器 FU_1、FU_2分别对主电路和控制电路进行短路和严重过载保护，热继电器 FR 对电动机进行过热保护。

【例 4-2】 有两台电动机，要求实现以下功能：M_1 在按下起动按钮后起动，运行 20s 自动停止；M_2 在 M_1 起动 10s 后自动起动，运行 30s 停止。运行过程中可以随时使两台电动机同时停止。

根据控制要求，设计出其电气控制电路原理图如图 4-12 所示。其控制过程及保护环节请自行分析。

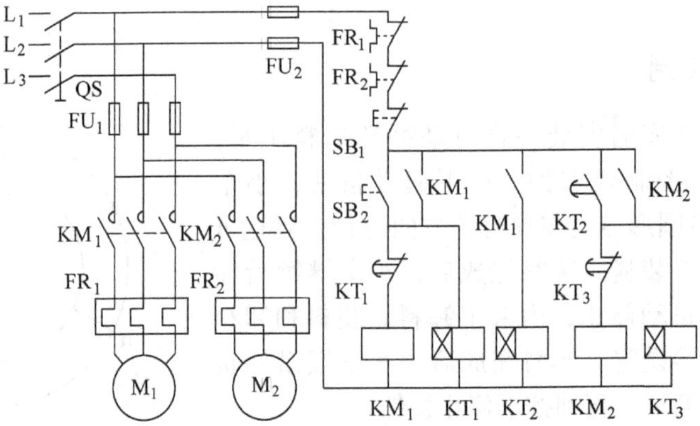

图 4-12　例 4-2 的电气控制电路原理图

二、电液控制

【例 4-3】 某液压动力头完成的动作循环图如图 4-13 所示。

其电磁铁动作顺序见表 4-1。

表 4-1　电磁铁动作顺序表

动作 \ 电磁铁	1DT	2DT
进给	+	−
延时停留	−	−
退回	−	+
原位停止	−	−

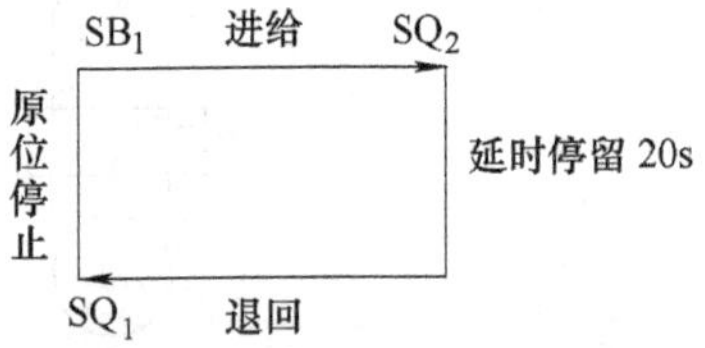

图 4-13　某液压动力头完成的动作循环图

根据其动作循环和电磁铁动作顺序表，设计出其电气控制电路原理图，其中对液压泵电动机的控制部分电路如图 2-5 所示，对电磁铁的控制部分如图 4-14 所示。

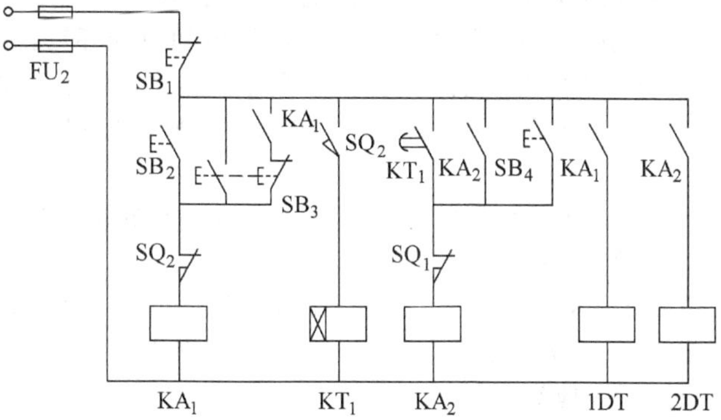

图 4-14　例 4-3 的电气控制电路原理图

控制过程如下：按下起动按钮 SB_2，中间继电器 KA_1 线圈得电并自锁，其常开触点闭合带动电磁铁 1DT 得电，动力头实现进给。进给到位碰到行程开关 SQ_2，其常闭触点断开，使 KA_1 和 1DT 断电，动力头停留，同时 SQ_2 的常开触点闭合带动时间继电器 KT_1 线圈得电，实现延时。延时时间到，KT_1 的常开延闭触点闭合，使中间继电器 KA_2 线圈得电并自锁，其常开触点闭合，使电磁铁 2DT 得电，动力头实现退回。退后到原点碰到行程开关 SQ_1，其常闭触点断开，使 KA_2 和 2DT 断电，动力头原位停止。按下按钮 SB_3 可以对动力头进行点动调整；如果动力头在退回的过程中意外停电，等电源恢复之后，按下按钮 SB_4 可以使动力头继续退回到原位；按下停止按钮 SB_1，可以使动力头任意位置停止。熔断器 FU_2 用于对电路进行短路和严重过载保护。

三、指示灯控制

【例 4-4】　有两盏指示灯 HL_1、HL_2，其控制要求为：按下起动按钮 SB_2，HL_1 亮，20s 后 HL_2 亮，同时 HL_1 熄灭；再 20s 后 HL_1 又亮。按下停止按钮，HL_1、HL_2 同时熄灭。

根据控制要求，设计出其电气控制电路原理图如图 4-15 所示。其控制过程及保护环节请自行分析。

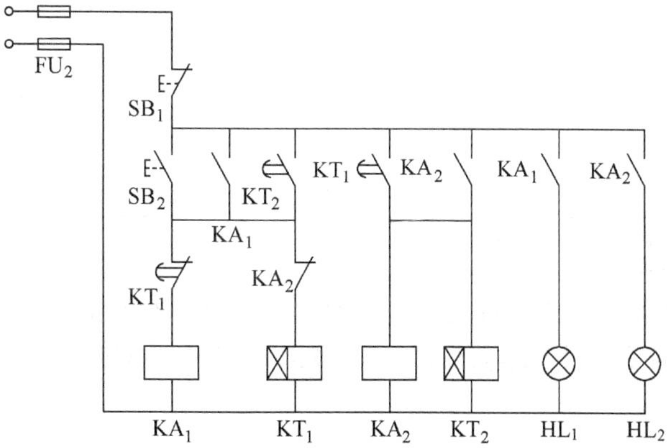

图 4-15　例 4-4 的电气控制电路原理图

习　题

4.1　电气控制设计应遵循的原则是什么？设计内容包括哪些方面？

4.2　在电气控制电路中，应将所有元器件的控制触点接在线圈的上端还是下端？

4.3　设计控制电路时，分布在电路不同位置的同一元器件触点应如何连接到电源？

4.4　现有两个交流接触器，它们的型号相同，额定电压相同，则在电气控制电路中，其线圈应该如何连接？

4.5　M_1、M_2为笼型电动机，M_1采用两点起动。M_1起动后M_2才能起动，M_2可点动并可单独停止。用继电器接触器控制，设计主电路及控制电路。

4.6　运料小车运行电路如图4-16所示。其控制要求为：运料小车（由电动机带动）在SQ_1处装料（用时20s），然后开始右行；到达SQ_2后卸料（用时15s），然后开始左行；这样不停往复工作，直到按下停止按钮。设计其电气控制电路原理图。

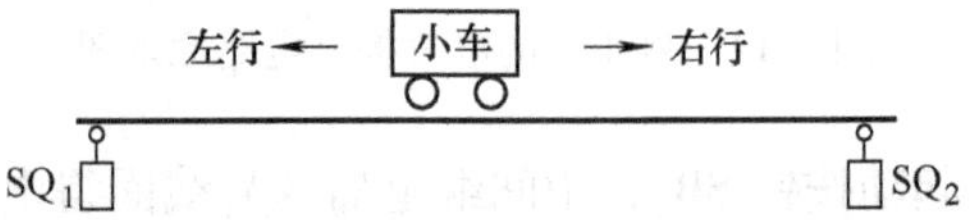

图4-16　习题4.6的运料小车运行图

4.7　某液压动力头完成的动作循环图，如图4-17所示。

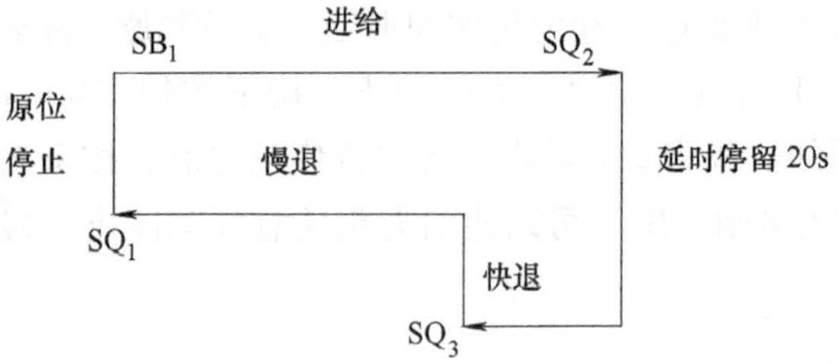

图4-17　习题4.7液压动力头完成的动作循环图

其电磁铁动作顺序见表4-2。

表4-2　习题4.7电磁铁动作顺序表

动作 \ 电磁铁	1DT	2DT	3DT
进给	+	−	−
延时停留	−	−	−
快退	−	+	+
慢退	−	+	−
原位停止	−	−	−

试设计其电气控制原理图。

4.8　设计由3盏彩灯实现的霓虹灯电路。要求按下起动按钮后红灯先亮，1s后绿灯亮，同时红灯熄灭，再1s后黄灯和红灯同时亮，同时绿灯熄灭。总停按钮使3盏灯同时熄灭。

第五章　可编程序控制器的工作原理

第一节　概　　述

一、PLC 的定义

可编程序控制器是在继电器控制和计算机控制的基础上开发的产品，逐渐发展成以微处理器为核心，把自动化技术、计算机技术、通信技术融为一体的新型工业自动控制装置。早期的可编程序控制器在功能上只能进行逻辑控制，因而称为可编程序逻辑控制器（Programmable Logic Controller，PLC）。随着技术的发展，其控制功能不断增强，现在的可编程序控制还可进行算术运算、模拟量控制，因此美国电气制造协会（NEMA）于 1980 年将它正式命名为可编程序控制器（Programmable Controller，PC）。但是，近年来 PC 又成为个人计算机（Personal Computer）的简称，为了加以区别，现在把可编程序控制器又称为 PLC。

国际电工委员会（IEC）于 1985 年 1 月对可编程序控制器作了如下定义："可编程序控制器是一种数字运算操作的电子系统，专为在工业环境下应用而设计。它采用可编程序的存储器，用来在其内部存储执行逻辑运算、顺序控制、定时、计数和算术运算等操作的指令，并通过数字、模拟的输入和输出，控制各种类型的机械或生产过程。可编程序控制器及其有关设备，都应按易于与工业控制系统联成一个整体，易于扩充功能的原则设计"。

二、PLC 的分类

可编程序控制器诞生虽然有 30 多年了，但至今没有世界统一的技术标准。各个国家的可编程序控制器都是在相对封闭的环境下独自发展的，但由于技术基础的一致性，各个国家、各个公司的产品在原理、结构、模式等方面大都相似。

1. 按外观结构分类

为了满足不同的使用需求及配置习惯，PLC 厂商将 PLC 设计成外观结构不同的两类产品：一种称为整体式（也称单元式），另一种称为模块式（也称组合式）。两类产品的差别在于整体式 PLC 将 CPU、存储器、输入/输出接口、电源都装在同一机箱里，一个机箱就是一台完整的机器，可独立完成各种控制任务，模块式 PLC 则是将 CPU、存储器、输入/输出接口、电源及工业控制任务可能需要的其他工作单元都单独制成一个机箱，在具体应用时，可以根据控制任务需要有选择地将一些模块组成系统。组合机一般通过母板接插组成，母板相当于一个具有许多插槽的总线连接器，因制作成板形而得名。新近生产的组合式机也有通过电缆实现软连接的。

整体式 PLC 一般是小型及微型机，结构如图 5-1 所示。例如三菱公司的 FX_{2N} 系列机即为整体式 PLC。整体式 PLC 结构紧凑，使用方便，缺点是输入/输出接口数量配置固定。模块式 PLC 的特点是配置灵活，输入接口、输出接口的数量可自由选择，各种功能模块可以按需要灵活配用。中、大型 PLC 常采用模块式结构。

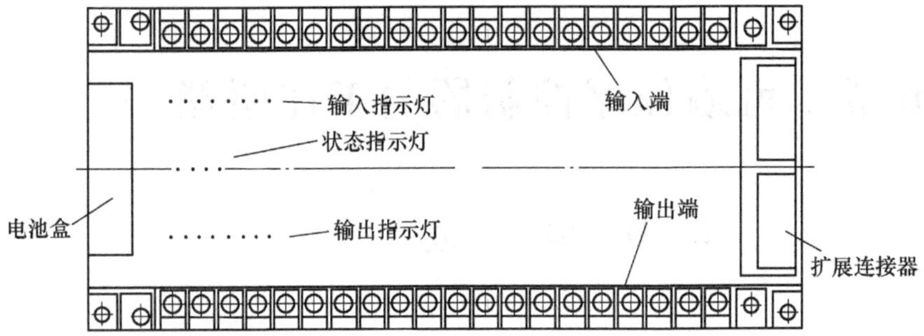

a) 结构

b) 外观

图 5-1 整体式 PLC 的结构及外观

图 5-2 所示为模块式 PLC 的外观，从图中可见，模块式结构的 PLC 由一块块的插件组成。每一块插件是一种工作模块，如 CPU 模块、输入模块、输出模块、电源模块、智能 I/O 模块和通信模块等。每一模块上都有相应的输入/输出接口及指示灯。每一块插板下都配有和母板连接的总线接口。

图 5-2 模块式 PLC 的外观

2. 按控制规模分类

可编程序控制器的另一种分类方法是按控制规模分类。控制规模以可连接的输入/输出量而论，俗称“点数”，是 PLC 机箱上实际安装的输入接口与输出接口数量之和。国际上目前流行将 I/O 总点数在 256 以下的 PLC 称为小型 PLC，总点数为 64 及 64 以下的称为微型 PLC，总点数在 256 ~ 2048 之间的为中型 PLC，总点数在 2048 以上为大型 PLC。按控制规模分类标准是随着可编程序控制器的发展不断变化的，以前可以算作大、中型 PLC 的点数，现在只能算作是小型 PLC 了。

三、世界知名 PLC 品牌

随着可编程序控制器市场的不断扩大，PLC 生产已经发展成为一个庞大的产业，主要厂商集中在一些欧美国家及日本。美国与欧洲一些国家的 PLC 是在互相封闭的情况下发展起来的，产品有比较大的差异，日本则是在引进美国技术的基础上发展的。在中国工业控制设备市场上，中、大型 PLC 以欧美国家厂商生产的较多，高性价比的小型 PLC 以日本厂商生产的比较多。

1. 美国的 PLC 产品

美国有 100 多家 PLC 厂商，著名的有 A - B 公司、通用电气（GE）公司、莫迪康（MODICON）公司、德州仪器（TI）公司和西屋公司等。其中 A - B 公司是美国最大的 PLC 厂商，产品约占美国 PLC 市场的一半。A - B 公司的主要产品是大、中型机，如 PLC - 5 系列，PLC - 5 系列为模块式结构，CPU 有 PLC - 5/10，PLC - 5/11，PLC - 5/12、PLC - 5/15、

PLC－5/20、PLC－5/30、PLC－5/40、PLC－5/60 和 PLC－5/125 等种类，最多可配置 5000 个 I/O 点。A－B 公司的小型 PLC 产品有 SLC500 系列等。

GE 公司的代表产品有 GE－Ⅰ、GE－Ⅲ、GE－Ⅵ等系列，分别为小型 PLC、中型 PLC 及大型 PLC，GE－Ⅵ/P 最多可配置 4000 个 I/O 点。TI 公司的小型 PLC 产品有 510、520 等，中型 PLC 产品有 5TI 等，大型 PLC 产品有 PM530、550、560、565 等系列。莫迪康公司生产的 M84 系列为小型 PLC，M484 系列为中型 PLC，M584 系列为大型 PLC，M884 系列为增强型中型 PLC，具有小型 PLC 的结构、大型 PLC 的控制功能。

2. 欧洲的 PLC 产品

德国的西门子（SIEMENS）公司、AECT 公司和法国的 TE 公司是欧洲著名的 PLC 厂商。德国西门子公司的电子产品以性能优良而久负盛名。在大、中型 PLC 产品领域与美国的 A－B 公司齐名。

西门子 PLC 主要产品有 S5 及 S7 系列，其中 S7 系列是近年来开发的代替 S5 的新产品。S7 系列包含 S7－200、S7－300 及 S7－400 系列，其中 S7－200 是微型 PLC，S7－300 是中、小型 PLC，S7－400 是中大型 PLC。S7 系列产品性价比较高，近年来在中国市场的占有份额有不断上升之势。

3. 日本的 PLC 产品

日本 PLC 产品在小型 PLC 领域颇具盛名。某些用欧美中型或大型 PLC 才能实现的控制，日本小型 PLC 就可以解决。日本有许多 PLC 厂商，如三菱、欧姆龙、松下、富士、日立和东芝等，在世界小型 PLC 市场上，日本产品约占 70% 的份额。

欧姆龙（OMRON）公司的 PLC 产品，大、中、小及微型规格齐全。微型 PLC 以 SP 系列为代表，小型 PLC 有 P 型、H 型、CPM1A、CPM2A 系列及 CPM2C、CQM1 等，中型 PLC 有 C200H、C200HS、C200HX、C200HG、C200HE 及 CS1 等系列。松下公司的产品中 FP0 为微型 PLC，FP1 为整体式小型 PLC，FP3 为中型 PLC，FP5/FP10、FP10S、FP20 为大型 PLC。

三菱公司的 PLC 进入中国市场较早，其中小型、超小型 PLC 有 F、F_1、F_2、FX_1、FX_2、FX_{2C}、FX_0、FX_{0N}、FX_{0s}、FX_{2N}、FX_{2NC}等系列。F 系列现已停产。F_1系列在中国曾有较广泛的应用。FX_2系列是 F、F_1、F_2等机型的更新换代产品，属于高性能叠装式 PLC。FX_{2N}型则是三菱公司的近期产品，按叠装式配置，是日本高性能小型 PLC 中的代表作。另外，三菱公司还生产 A 系列 PLC，这是一种中大型模块式 PLC。

本书将在后续章节中以三菱 FX_{2N}系列为对象介绍 PLC 的应用技术。

4. 中国的 PLC 产品

中国有许多厂商、科研院所从事 PLC 的研制及开发工作，分别有各自的产品，如中国科学院自动化研究所的 PLC－0088，北京联想计算机集团公司的 GK－40，上海机床电器厂的 CKY－40，上海起重电器厂的 CF－40MR/ER，苏州机床电器厂的 YZ－PC－001A，原机电部北京工业自动化研究所的 MPC－001/20、KB20/40，杭州机床电器厂的 DKK02，天津中环自动化仪表公司的 DJK－S－84/86/480，上海自立电子设备厂的 KKI 系列，上海香岛机电制造有限公司的 ACMY－S80、ACMY－S256，无锡华光电子工业有限公司的 SR－10、SR－20/21 等。

第二节 PLC 的基本结构及工作原理

一、PLC 的基本结构

目前 PLC 生产厂商很多，产品结构也各不相同，但其基本组成部分大致如图 5-3 和图 5-4所示。

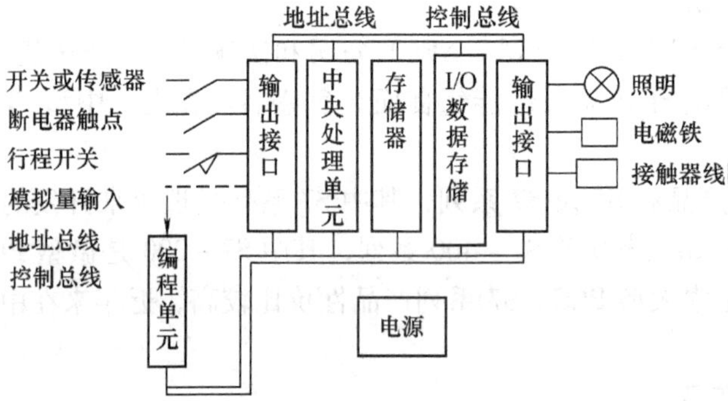

图 5-3 PLC 结构示意图

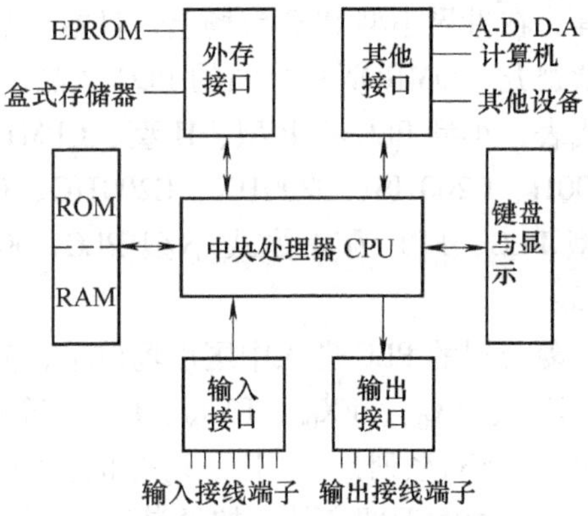

图 5-4 PLC 逻辑结构示意图

由图 5-3 和图 5-4 可以看出，PLC 采用了典型的计算机结构，主要包括 CPU、RAM、ROM 和输入、输出接口电路等，其内部采用总线结构，进行数据和指令的传输。如果把 PLC 看做一个系统，该系统由输入变量→PLC→输出变量组成。外部的各种开关信号、模拟信号、传感器检测的各种信号均作为 PLC 的输入变量，它们经 PLC 外部输入端子输入到内部寄存器中，经 PLC 内部逻辑运算或其他各种运算、处理后送到输出端子，它们是 PLC 的输出变量。由这些输出变量对外围设备进行各种控制。这里可以将 PLC 看做一个中间处理器或变换器，以将输入变量变换为输出变量。

下面结合图 5-3 和图 5-4 具体介绍各部分的作用。

（一）中央处理单元（CPU）

CPU 是中央处理器（Centre Processing Unit）的英文缩写。CPU 作为整个 PLC 的核心，起着总指挥的作用。CPU 一般由控制电路、运算器和寄存器组成。这些电路通常都被封装在一个集成电路的芯片上。CPU 通过地址总线、数据总线和控制总线与存储单元、输入输出接口电路连接。

CPU 再加上存储器和一些接口就组成为微处理器。

目前小型 PLC 中多采用 8 位或 16 位 CPU，在高档机中现已采用 32 位 CPU，功能极强。

（二）存储器

存储器主要用于存放系统程序、用户程序以及工作数据。存放系统软件的存储器称为系统程序存储器，存放应用软件的存储器称为用户程序存储器，存放工作数据的存储器称为数据存储器。

（三）输入/输出接口电路

输入/输出接口电路是 PLC 与现场 I/O 设备或其他外围设备之间的连接部件，它起着 PLC 和外围设备之间传递信息的作用。

输入接口电路接收从按钮、选择开关、行程开关等来的开关量输入信号和由电位器、热电偶、测速发电机等来的连续变化的模拟量输入信号，然后送入 PLC。输入接口电路一般由光耦合电路和微处理器的输入接口电路组成。

PLC 通过输出接口电路控制现场的执行部件，如接触器、继电器、电磁阀及指示灯、数字显示装置、报警装置等。输出接口电路一般有三种：低速、大功率负载一般采用继电器输出；高速较大功率交流负载采用晶闸管输出；高速小功率直流负载可用晶体管输出。

在 PLC 内部，由于 CPU 本身工作电压比较低（一般 5V 左右），而输入、输出信号电压一般比较高（如直流 24V 和交流 220V），所以 CPU 不能直接与外部输入、输出装置连接，而由输入/输出接口电路转接。这样，输入/输出接口电路除了传递信号外，还有电平转换和噪声隔离的作用。

图 5-5 给出了一种常用的 PLC 输入接口电路。外部输入开关通过输入端（例如 X0、X1…）与 PLC 连接。

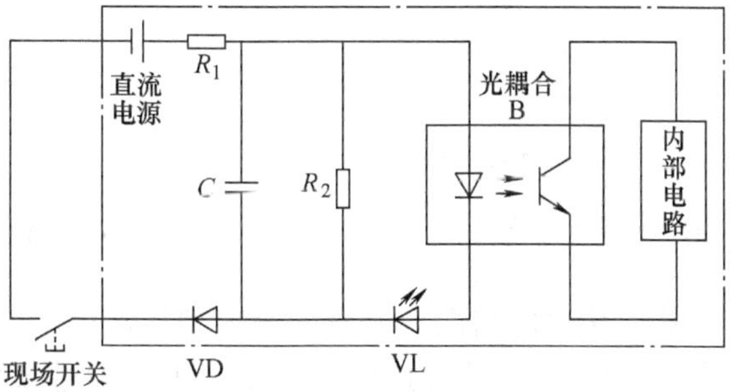

a) 直流输入单元电路

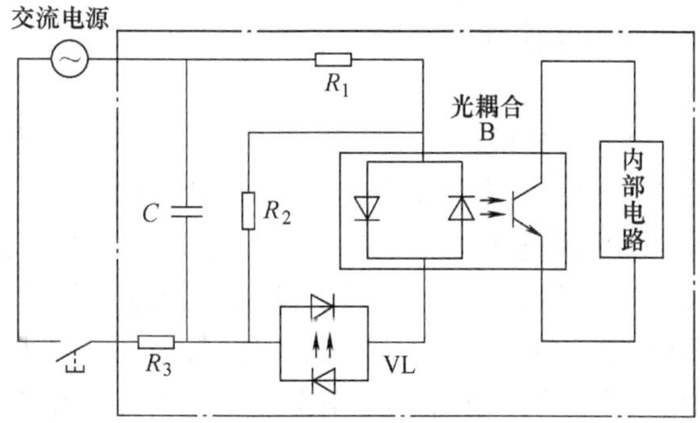

b) 交流输入单元电路

图 5-5　开关量输入单元

输入接口电路的一次电路与二次电路间用光耦合器隔离，在电路中设有 *RC* 滤波器，以消除输入触点的抖动和沿输入线引入的外部噪声的干扰。外部输入从 ON→OFF 或从 OFF→ON 变化时，PLC 内部有约 10ms 的响应滞后。当输入开关闭合时，一次电路中流过电流，输入指示灯亮，光耦合器的发光二极管发光，而晶体管从截止状态变为饱和导通状态，PLC 的输入数据产生了 0 和 1 的状态改变。

按 PLC 输入模块与外部用户设备的接线，可分为汇点输入接线和独立输入接线两种方式。汇点输入接线可用于直流输入模块，也可用于交流输入模块，如图 5-6 所示。各输入元器件共用一个公共端 COM，可以全部输入点为一组，共用一个公共端和一个电源，如图 5-6a所示；也可以把全部输入点分为若干组，每组有一个公共端和一个电源，如图 5-6b 所示。直流输入模块的电源一般由 PLC 内部提供（外部不需要接电源），交流输入模块的电源需用户提供。

独立输入接线如图 5-7 所示。每一个输入元器件有两个接线端，由用户提供的一个独立电源供电，控制信号通过用户输入设备的触点输入。

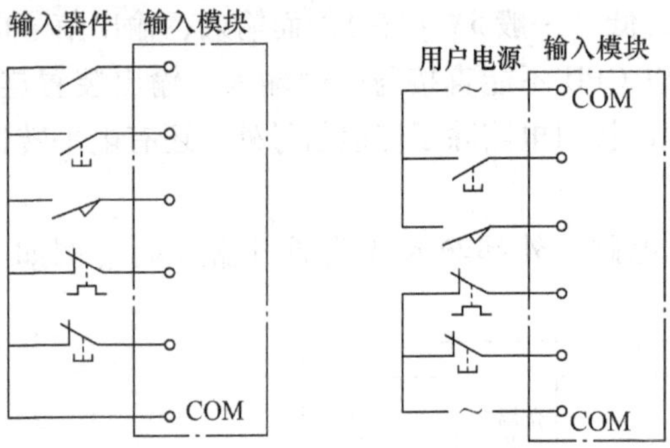

a) 直流输入模块　　b) 交流输入模块

图 5-6　汇点输入接线示意图

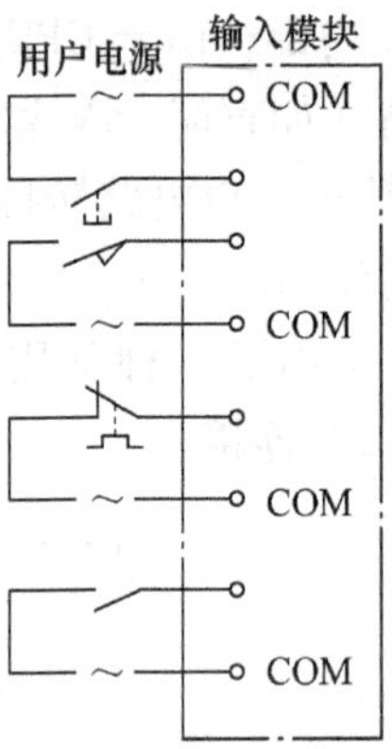

图 5-7　独立输入接线示意图

图 5-8 给出了 PLC 的输出接口电路图。继电器输出型最常用。当 CPU 有输出时，接通或断开输出电路中继电器的线圈，继电器的触点闭合或断开，通过该触点控制外部负载电路的通断。很显然，继电器输出利用了继电器的触点和线圈，将 PLC 的内部电路与外部负载电路进行了电气隔离。晶体管输出型通过光耦合使晶体管截止或饱和以控制外部负载电路，并同时对 PLC 内部电路和输出晶体管电路进行了电气隔离。双向晶闸管输出型采用了光触发型双向晶闸管进行隔离。

输出电路的负载电源由外部提供。负载电流继电器输出一般不超过 2A，晶体管输出一般不超过 1A。实际应用中，输出电流的额定值与负载性质有关。

按 PLC 输出模块与外部用户输出设备的接线，可分为汇点输出和独立输出两种接线形式。汇点输出的接线如图 5-9 所示。图 5-9a 中，全部输出点汇集成一组，共用一个公共端 COM 和一个电源；图 5-9b 中，将输出点分成若干组，每组一个公共端 COM 和一个独立电源。两种形式的电源均由用户提供，根据实际情况确定选用直流或交流。

独立输出的接线如图 5-10 所示。每个输出点构成一个独立的回路，由用户单独提供一个电源，各个输出点间相互隔离，负载电源按实际情况可选用直流或交流。

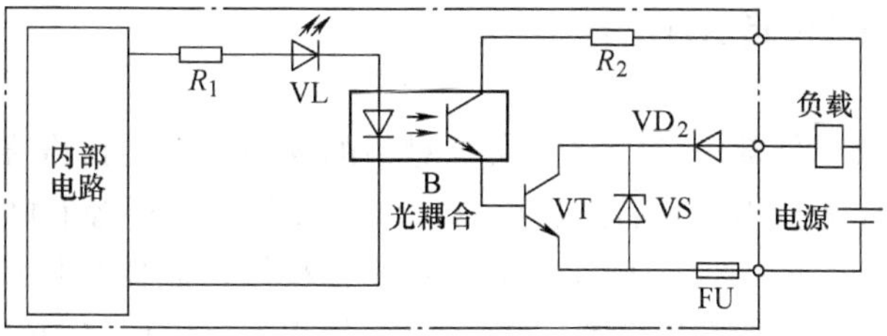

a) 晶体管输出

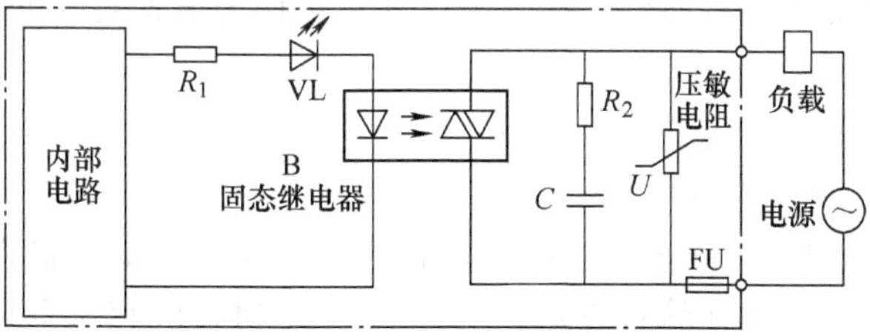

b) 晶闸管输出

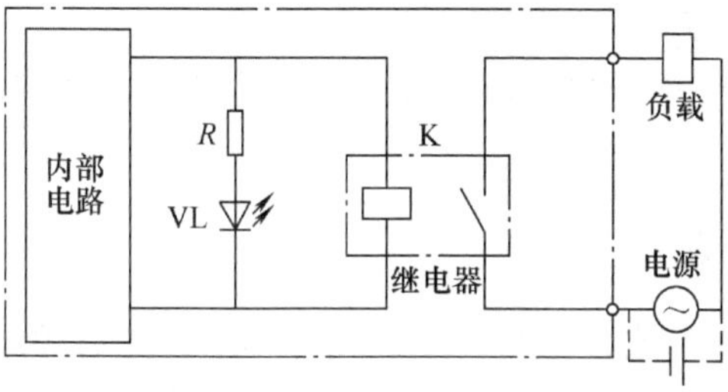

c) 继电器输出

图 5-8　开关量输出单元

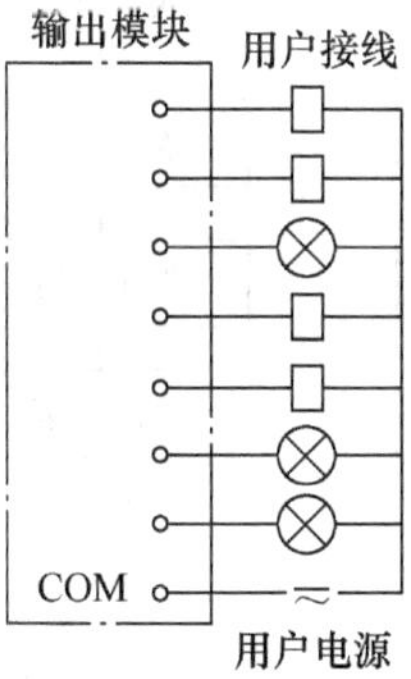

a) 汇集成一组输出

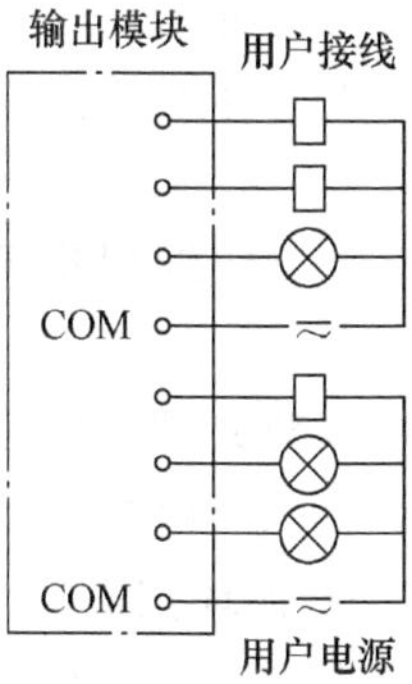

b) 分成若干组输出

图 5-9　汇点输出接线示意图

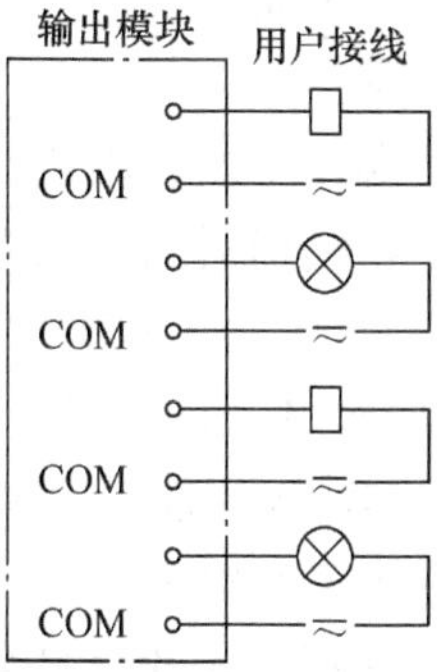

图 5-10　独立输出接线示意图

（四）电源单元

PLC 的电源单元包括系统的电源和备用电池。PLC 一般使用 220V 交流电源，允许电源电压在额定值的 85% ~110% 范围内波动。电源单元的作用是把外部电源转换成内部工作电压。有些 PLC 则可以为输入电路和少量的外部电平检测装置（如接近开关）提供 24V 直流电源。备用电池（一般为锂电池）用于掉电情况下保存程序存储器和内部保持标志，有计时器和计数器并带电池故障指示灯。

（五）编程单元

编程器是 PLC 的重要外部设备，它是人机对话的窗口。有的可嵌在 PLC 本体上，有的可通过电缆从 PLC 本体上接出来，有的还可以远离 PLC 接到 I/O 控制站的接口中使用。

编程器主要由键盘、显示器、工作方式选择开关和外存储器接插口等部件组成。小型 PLC 常用简易编程器，大、中型 PLC 常用智能 CRT 编程器。编程器的作用是：输入、修改、检查及显示用户程序，调试用户程序，监视程序运行情况，查找故障，显示出错信息。

除上述简易和智能型编程器外，通常采用计算机作为编程器，可直接编制梯形图，监控功能也比较强。

编程器通常具有两种编程方式：

1. 在线（联机）编程方式

编程器与 PLC 上的专用插座直接相连，程序可直接通过键盘输入到 PLC 的用户程序存储器中，也可先将程序存放在编程器内，然后再送入 PLC 的存储器中。这种编程方式不但调试程序方便，而且还可监视 PLC 的内部工作状态。

2. 离线（脱机）编程方式

编程器与 PLC 脱开，待程序编写完之后才与 PLC 相连。离线编程方式不影响 PLC 的现行工作。

二、PLC 的工作原理

PLC 采用循环扫描工作方式，在 PLC 中，用户程序按先后顺序存放，CPU 从第一条指令开始执行程序，直至遇到结束符后又返回第一条，如此周而复始不断循环。PLC 的扫描过程如图 5-11 所示。

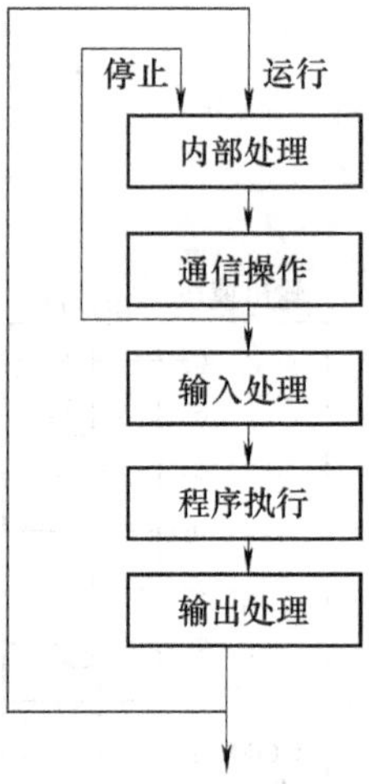

图 5-11　PLC 的扫描过程

这个工作过程分为内部处理、通信操作、输入处理、程序执行和输出处理几个阶段。全过程扫描一次所需的时间称为扫描周期。

在内部处理阶段，PLC 检查 CPU 模块的硬件是否正常，复位监视定时器等。

在通信操作阶段，PLC 与一些智能模块通信，响应编程器键入的命令，更新编程器的显示内容等。

当 PLC 处于“停（STOP）”状态时，只进行内部处理和通信操作服务等内容。在 PLC 处于“运行（RUN）”状态时，从内部处理、通信操作，到输入处理、程序执行、输出处理，一直循环扫描工作。

输入处理又叫输入采样。在此阶段，顺序读入所有输入端子的通断状态，并将读入的信息存入内存中所对应的映像寄存器。在此输入映像寄存器被刷新，接着进入程序执行阶段。在程序执行时，输入映像寄存器与外界隔离，即使输入信号发生变化，其映像寄存器的内容也不会发生变化，只有在下一个扫描周期的输入处理阶段才能被读入信息。

程序执行阶段根据 PLC 梯形图程序扫描原则，按先左后右、先上后下的步序，逐句扫描，执行程序。但遇到程序跳转指令，则根据跳转条件是否满足来决定程序的跳转地址。当用户程序涉及输入/输出状态时，PLC 从输入映像寄存器中读出上一阶段采入的对应输入端子状态，从输出映像寄存器读出对应映像寄存器的当前状态，根据用户程序进行逻辑运算，运算结果再存入有关器件的寄存器中。对每个器件而言，器件映像寄存器中所寄存的内容，会随着程序执行过程而变化。

输出处理也叫输出刷新，程序执行完毕后，将输出映像寄存器（即器件映像寄存器）中的 Y 寄存器的状态，在输出处理阶段转存到输出锁存器，通过隔离电路、驱动功率放大电路，使输出端子向外界输出控制信号，驱动外部负载。

PLC 的扫描既可按固定的顺序进行，也可按用户程序所指定的可变顺序进行。这不仅因为有的程序不需每扫描一次就执行一次，而且也因为在一些大系统中需要处理的 I/O 点数多，通过安排不同的组织模块，采用分时分批扫描的执行方法，可缩短循环扫描的周期和提高控制的实时响应性。

循环扫描的工作方式是 PLC 的一大特点，也可以说 PLC 是“串行”工作的，这和传统的继电器控制系统“并行”工作有质的区别。PLC 的串行工作方式避免了继电器控制系统中触点竞争和时序失配的问题。

由于 PLC 采用扫描工作过程，所以在程序执行阶段即使输入发生了变化，输入状态映像寄存器的内容也不会变化，要等到下一周期的输入采样阶段才能改变。暂存在输出映像寄存器中的输出信号，要等到一个循环周期结束，CPU 才集中将这些输出信号全部输送给输出锁存器。由此可以看出，全部输入/输出状态的改变，需要一个扫描周期。换言之，输入/输出的状态保持一个扫描周期不变，这就要求脉冲输入的宽度必须大于一个扫描周期。

三、PLC 控制与继电器控制的区别

PLC 用程序代替了布线逻辑，生产工艺流程改变时，只需修改用户程序，不必重新安装布线，十分方便。结构上采用模块组合式，可像搭积木那样扩充控制系统规模，增减其功能，容易满足系统要求。

PLC 采用专门的编程语言，指令少，简单易学。通用的梯形图语言，直观清晰，对于熟悉继电器线路的工程技术人员和现场操作人员很容易掌握。对熟悉计算机的人还有语句表编程语言，类似于计算机的汇编语言，使用非常方便。

PLC 面向工业生产现场，采取了屏蔽、隔离、滤波、联锁等安全防护措施，可有效地抑制外部干扰，能适应各种恶劣的工业环境，具有极高的可靠性；其内部处理过程不依赖于机械触点，所用元器件都经过严格筛选，其寿命几乎不用考虑；在软件上有故障诊断与处理功能；以三菱公司 F_1、F_2 系列 PLC 为例，其平均无故障时间可达 30 万小时，A 系列的可靠性又比之高几个数量级。多机冗余系列和表决系统的开发，更进一步提高了可靠性。这是继电器控制系统无法比拟的。

PLC 的输入、输出接口设计成可直接与现场强电相接，有 24V、48V、110V 交流、直流等电压等级产品，组成系统时可以直接选用。接口电路一般为模块式，便于维修更换。有的 PLC 的输入、输出模块可带电插拔，实现不停机维修，大大缩短了故障修复时间。

三相异步电动机单向连续运转起动、停止控制，采用继电器控制系统时，硬件连线原理图如图 5-12a 所示，电动机的运动是由接触器、按钮等硬件机械动作控制的，线路一旦连接好，就只能完成此种控制。采用 PLC 控制如图 5-12b 所示接线，输入不同的程序可以实现不同的功能，系统设计方便、灵活。

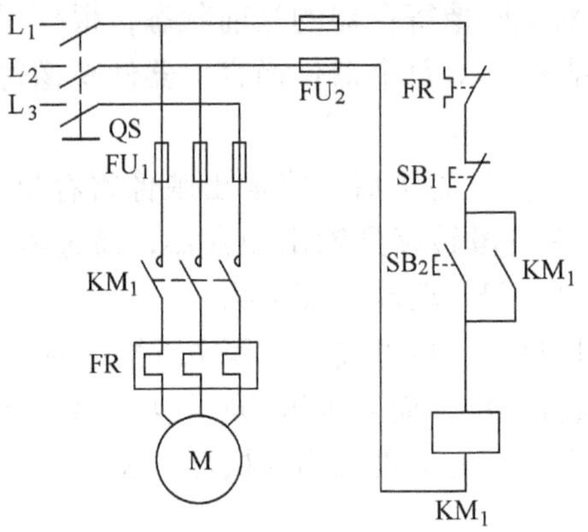

a) 继电器控制电路

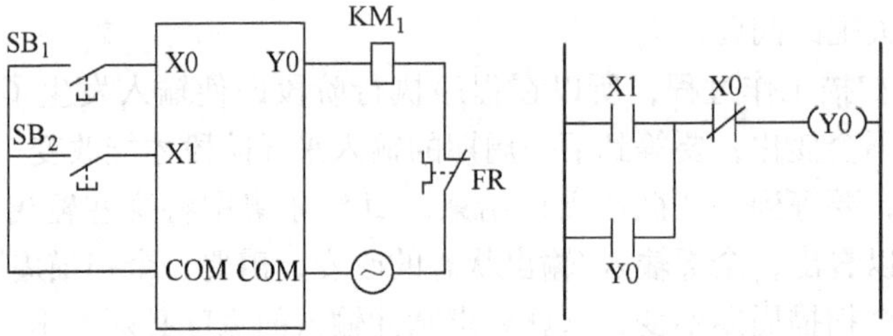

b) PLC控制方案

图 5-12　三相异步电动机的继电器与 PLC 控制

第三节　PLC 的技术指标、特点及应用

一、PLC 的基本技术指标

PLC 的技术指标很多，主要性能指标有以下几个方面。

1. 存储容量

系统程序存放在系统程序存储器中。这里说的存储容量指的是用户程序存储器的容量，用户程序存储容量决定了 PLC 可以容纳的用户程序的长短，一般以字为单位来计算。每 1024 个字为 1K 字，中、小型 PLC 的存储容量一般在 8K 字以下，大型 PLC 的存储容量可达到 256K～2M 字。也有的 PLC 用存放用户程序指令的条数来表示容量，一般中、小型 PLC 存储指令的条数为 2K 条。

2. I/O 点数

I/O 点数指输入点数及输出点数之和。I/O 点数越多，外部可接入的输入器件和输出器件就越多，控制规模就越大。因此，I/O 点数是衡量 PLC 规模的指标。实际使用中，要注意将输入、输出的实际点数和机内芯片存储单元的点数相区别，这儿指的是实际输入、输出的数量。

3. 扫描速度

扫描速度是指 PLC 执行程序的速度。一般以执行 1K 字所用的时间来衡量扫描速度。有些品牌的 PLC 在用户手册中给出执行各条程序所用的时间，可以通过比较各种 PLC 执行类似操作所用的时间来衡量扫描速度的快慢。

4. 编程指令的种类和数量

编程指令的种类和数量涉及 PLC 能力的强弱。一般说来编程指令种类及条数越多，处理能力、控制能力就越强。

5. 扩展能力

PLC 的扩展能力表现在以下几个方面。大部分 PLC 可以用 I/O 扩展单元进行 I/O 点数的扩展；有的 PLC 可以使用各种功能单元进行功能扩展。

6. 智能单元的数量

为了完成一些特殊的控制任务，PLC 厂商都为自己的产品设计了专用的智能单元，如模拟量控制单元、定位控制单元、速度控制单元以及通信工作单元等。智能单元种类的多少和功能的强弱是衡量 PLC 产品水平高低的重要指标。各个生产厂商都非常重视智能单元的开发，近年来智能单元的种类日益增多，功能越来越强。

二、PLC 的特点

1. 功能完善

PLC 的输入/输出系统功能完善，性能可靠，能够适用于各种形式和性质的开关量和模拟量信号的输入和输出。在 PLC 内部具备许多控制功能，诸如时序、计数器、主控继电器以及移位寄存器、中间继电器等。由于采用了微处理器，它能够很方便地实现延时、锁存、比较、跳转和强制 I/O 等诸多功能，它不仅具有逻辑运算、算术运算、数制转换以及顺序控制功能，而且还具备模拟运算、显示、监控、打印及报表生成等功能。此外，它还可以和其他微机系统、控制设备共同组成分布式或分散控制系统，还能够实现成组数据传送、矩阵运算、闭环控制、排序与查表、函数运算及快速中断等功能。因此，PLC 具有极强的适应性，能够很好地满足各种类型控制的需要。

2. 模块化结构，硬、软件开发周期短

PLC 的硬件结构全部采用模块化结构，可以适应规模大小不同、功能复杂程序及现场环境各异的各种控制要求。硬件系统安装方便，接线简单，连接可靠，为控制系统的硬件设计提供了方便、快捷的途径，可以大大缩短硬件系统的开发周期。

软件编程支持梯形图逻辑语言，直观、方便，只要有了通常的继电器梯形图、逻辑图或逻辑方程，就等于有了 PLC 系统用户程序，大大减轻了系统软件开发的工作量。另外，这一特点对于 PLC 系统取代原继电器控制系统，进行老设备改造也是十分有利的。

总之，使用 PLC 可大大缩短整个系统设计、生产、调试周期，节约系统投资。

3. 维护操作方便，扩展容易

PLC 的输入/输出系统能够直观地反映现场信号的变化状态，PLC 还能通过各种方式直观地反映控制系统的运行状态，如内部工作状态、通信状态、I/O 点状态、异常状态、电源状态等，均有醒目的指示，非常有利于运行和维护人员监视系统的工作状态。

PLC 采用梯形图逻辑编程，有利于电气操作人员对 PLC 的编程，可以方便地调整系统的程序和组态。

PLC 的模块化结构，可以允许维护人员方便地更换故障模块或在生产工艺流程改变时更改系统的结构和配置。

4. 性能稳定，可靠性高

PLC 产品都有严格的技术标准，这些标准保证了 PLC 在恶劣的工业环境下正常运行。它在电子线路、机械结构以及软件结构上都吸取了生产厂商长期积累的生产控制经验，主要模块均采用大规模与超大规模集成电路，I/O 系统设计有完善的通道保护与信号调理电路，在机械结构上对耐热、防潮、防尘和抗振等都有精心考虑，所有这些使得 PLC 具有较好的性能和较高的可靠性，一般平均无故障时间可达几万小时。

另外，PLC 还具有较完善的自诊断、自测试功能。

5. 具有较高的性能/价格比。

三、PLC 的应用领域

PLC 在国内外已广泛应用于钢铁、采矿、水泥、石油、化工、电力、机械制造、汽车装卸、造纸、纺织、环保及娱乐等各行各业。它的应用大致可分为以下几种类型：

1. 用于开关逻辑控制

这是 PLC 最基本的应用范围。可用 PLC 取代传统继电控制，如机床电气、电机控制中心等，也可取代顺序控制，如高炉上料、电梯控制、货物存取、运输和检测等。总之，PLC 可用于单机、多机群以及生产线的自动化控制。

2. 用于机械加工的数字控制

PLC 和计算机数据控制（CNC）装置组合成一体，可以实现数值控制，组成数控机床。

3. 用于机器人控制

可用一台 PLC 实现 3 ~6 轴的机器人控制。

4. 用于闭环过程控制及构成 DCS

现代大型 PLC 都配有 PID 子程序或 PID 模块，可实现单回路、多回路的调节控制。计算机 - PC - 现场仪表是目前构成 DCS 的基本结构。

5. 用于实现工厂的无人化管理

现代的 PLC 均具有通信接口或专用网络通信模块，可组成多级控制系统，实现工厂自动化网络。

习　　题

5.1　按结构形式，PLC 分为哪几种类型？各有何特点？

5.2　与传统的继电器控制相比，PLC 有哪些特点？

5.3　PLC 主要由哪几部分组成？各起什么作用？

5.4　简述 PLC 的工作过程。

5.5　分析图 5-5 所示输入单元电路的工作原理，说明光耦合器的作用。

第六章　FX_{2N} 系列 PLC 的编程元件及基本指令

第一节　FX_{2N} 系列 PLC 的编程元件

PLC 和其他计算机一样，为了方便使用，数据存储器都进行了分区，为每个存储单元编排了地址，并且经机内系统程序为每个存储单元赋予不同的功能，形成了专用的存储元件。这就是前边提到过的编程“软”元件。为了理解方便，PLC 的编程元件用“继电器”命名，认为它们像继电器一样具有线圈及触点，且线圈得电，触点动作。当然这线圈和触点只是假想的，所谓线圈得电不过是存储单元置 1，线圈失电不过是存储单元置 0。也正因为如此，人们称之为“软”元件，但这种“软”继电器也有个突出的好处，可以认为它们具有无数多对动合、动断触点，因为每取用一次它的触点，不过是读一次它的存储数据而已。

一、PLC 编程元件的类型及用途

可编程序控制器品牌不同，编程元件的名称及功能会有所不同，不同厂商、不同系列的 PLC，其内部软继电器的功能和编号也不相同，因此用户在编制程序时，必须熟悉所选用 PLC 的软继电器功能和编号，FX 系列 PLC 软继电器编号由字母和数字组成，其中，输入继电器和输出继电器用八进制数字编号，其他均采用十进制数字编号。常用的编程元件的类型及用途一般有以下几类。

1. 输入继电器 X

输入继电器用于接收及存储输入端子的输入信号。机箱上每个输入端子都有一个输入继电器与之对应。输入信号通过隔离电路改变输入继电器的状态，一个输入继电器在存储区中占一位。

输入继电器采用八进制编号（如 X0 ~ X7，X10 ~ X17，X20 ~ X27，…），是 PLC 用来接收用户输入设备发来的输入信号，输入继电器线圈由外部输入信号所驱动，只有当外部信号接通时，对应的输入继电器才得电，不能用指令来驱动。在程序中绝对不可能出现输入继电器的线圈，只能出现输入继电器的触点，每个输入继电器的常开与常闭触点均可无数次使用。输入继电器的原理如图 6-1 所示。

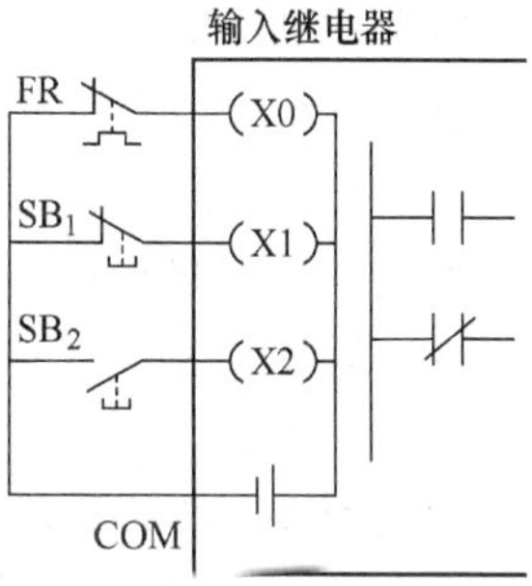

图 6-1　输入继电器原理图

2. 输出继电器 Y

输出继电器存储程序执行的结果。每个输出继电器在存储区中占一位，每一个输出继电器与一个输出口相对应。输出继电器通过隔离电路，将程序运算结果送到输出口并决定输出口所连接器件的工作状态。

正常运行中输出继电器的状态只由程序的执行决定。输出继电器采用八进制编号（如

Y0～Y7，Y10～Y17，Y20～Y27，…），用来将PLC内部信号输出传送给外部负载。输出继电器线圈是由PLC内部程序驱动，其线圈状态传送给输出单元，再由输出单元对应的硬触点来驱动外部负载，每个输出继电器在输出单元中都对应有一个常开硬触点，但在程序中供编程的输出继电器，不管是常开还是常闭触点，都可以无数次使用。输出继电器的原理如图6-2所示。

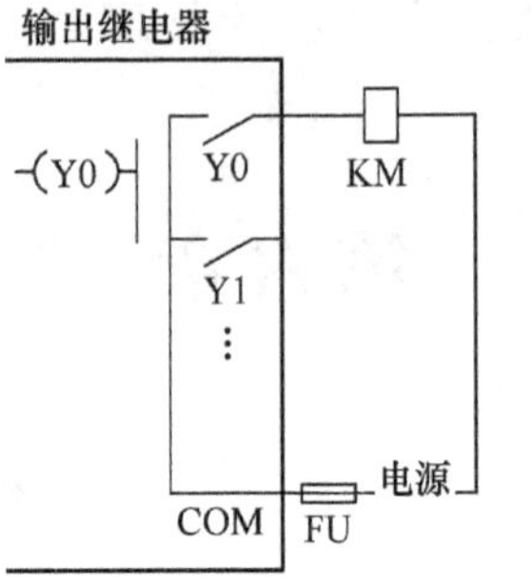

图6-2　输出继电器原理图

3. 辅助继电器M

辅助继电器也叫内部标志位，是PLC中数量较多的一种编程元件。它不直接接收外界信号，也不能用来直接驱动输出元件，作用类似于继电器-接触器电路中的中间继电器。辅助继电器常用来存放逻辑运算的中间结果，辅助继电器一般作为位元件使用，也可以组合使用存储多位数据。

和输出继电器一样，其线圈由程序指令驱动，每个辅助继电器都有无限多对常开、常闭触点，供编程使用。但是，其触点不能直接驱动外部负载，要通过输出继电器才能实现对外部负载的驱动。FX系列PLC的辅助继电器有三种：通用辅助继电器、保持辅助继电器和特殊辅助继电器。

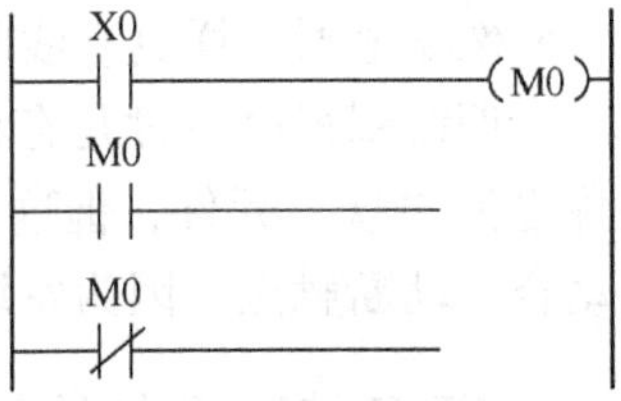

图6-3　通用辅助继电器线圈和触点

通用辅助继电器和输出继电器一样，在PLC电源中断后，其状态将变为OFF。当电源恢复后，除因程序使其变为ON外，其他仍保持OFF。通用辅助继电器线圈和触点如图6-3所示。可通过程序设定，将它们变为保持辅助继电器。

保持辅助继电器在PLC电源中断后，具有保持断电前瞬间状态的功能，并在恢复供电后继续断电前的状态，也可通过程序设定，将它们变为通用辅助继电器。

特殊辅助继电器是具有某项特定功能的辅助继电器，特殊辅助继电器也叫特殊标志位，是用于特殊用途的存储器。它可以作为用户与系统程序之间的界面，为用户提供一些特殊的控制功能及系统信息。用户操作的一些特殊要求也可以通过特殊辅助继电器通知系统。

特殊辅助继电器有只读及可写入两种，时间脉冲及标志机器状态的特殊辅助继电器一般为只读的。而为通信、中断等功能设定的特殊辅助继电器一般是可读、可写的。

特殊辅助继电器通常可分为两类：触点型和线圈型。触点型特殊辅助继电器的线圈由PLC自动驱动，用户只可以利用其触点。线圈型特殊辅助继电器的线圈由用户控制，其线圈得电后，PLC作出特定动作。

触点型1：M8000（M8001）——运行监视用特殊辅助继电器。

PLC运行时M8000得电（M8001断电），PLC停止时M8000失电（M8001得电）。时序图如图6-4所示。

触点型2：M8002（M8003）——初始脉冲特殊辅助继电器。

M8002（M8003）只在PLC开始运行的第一个扫描周期内得电（断电），其余时间均断电（得电）。时序图如图6-5所示。常用M8002的触点作为一些继电器的初始化复位信号。

4. 定时器T

定时器相当于继电接触器系统中的时间继电器，用于时间控制。PLC中定时器的时延靠对时基脉冲计数实现。时基的间隔有10ms、100ms、1s、1min等多种。这种时间间隔也叫定时器的分辨率，即某种规格定时器的最小计时单位。由于定时器以对时基计数的方式计时，在存储计数值的存储单元字长一定时，定时器的计时时间长短就受到分辨率的影响。

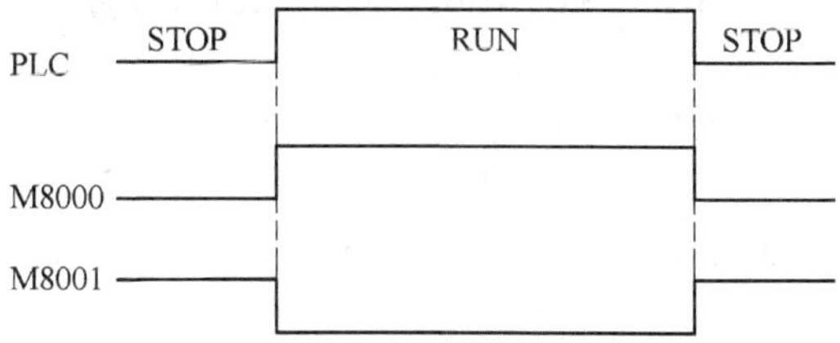

图 6-4　M8000（M8001）时序图

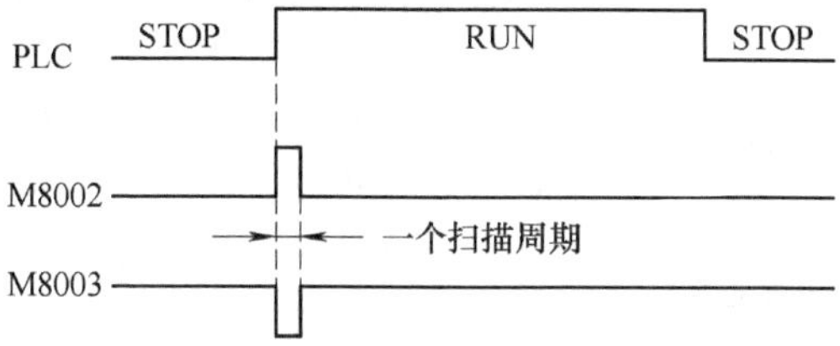

图 6-5　M8002（M8003）时序图

通用定时器不具备断电的保持功能，即当输入电路断开或停电时定时器复位。通用定时器有 100ms 和 10ms 两种。

定时器采用十进制编号，其设定值可以是常数 K 或数据寄存器 D 的内容，设定值的范围为 1 ~ 32767。

图 6-6 为通用定时器的应用实例。

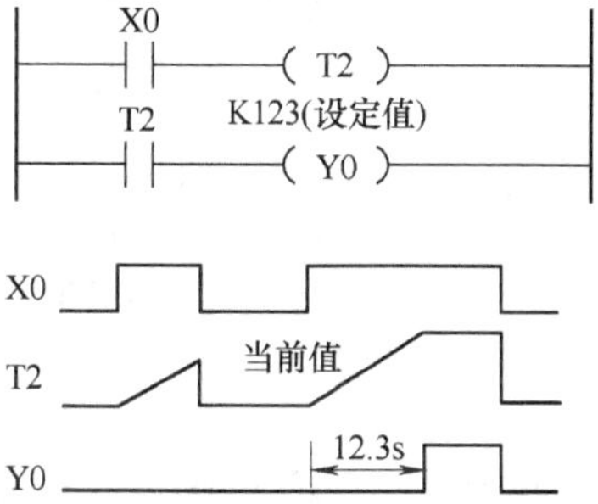

图 6-6　通用定时器应用实例

5. 计数器 C

PLC 中的计数器用来记数，有普通计数器及高速计数器两大类。普通计数器主要用来对程序中反映的信号进行计数，称为机内计数器；高速计数器则用来对高于 PLC 扫描频率的机外脉冲计数。高速计数器一般工作在中断状态。计数器工作中需一个表示计数器状态的位元件及一个存储计数当前值的字元件，也为位复合元件。

普通计数器编号从 C0 开始，采用十进制编号。普通计数器分加计数、减计数和双向计数器，有掉电保护和通用型两种，计数值可以由设定的 K 值大小确定，也可以间接通过指定数据存储器（D）中的内容来设定。16 位增计数器的使用方法和动作时序如图 6-7 所示。

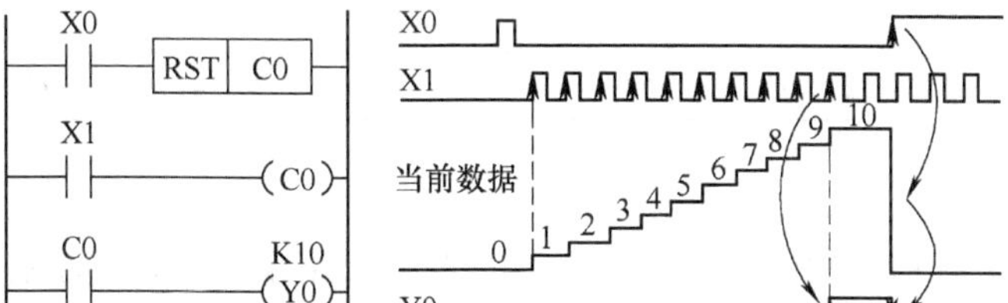

图 6-7　16 位增计数器的使用方法和动作时序图

6. 数据寄存器 D

数据寄存器用来存放“数字”类数据，采用十进制编号。有的 PLC 中称为变量存储器。PLC 中的运算数据有二进制、八进制、十进制、十六进制等。可以是整数，也可是浮点制小数。占用的存储单元可以是字节、字，也可以是双字。数据存储器数量一般比较大，某些机型的 PLC 还设有专门的模拟量存储单元。FX_{2N}系列 PLC 的数据寄存器有数据寄存器、保持数据寄存器、特殊数据寄存器和文件寄存器四种，具体编号参见表 6-1。

表 6-1　FX_{2N}系列 PLC 编程软元件一览表

型号 软元件	FX_{2N} - 16M	FX_{2N} - 32M	FX_{2N} - 48M	FX_{2N} - 64M	FX_{2N} - 80M	FX_{2N} - 128M	扩展单元
输入继电器 X	X0 ~ X7 8 点	X0 ~ X17 16 点	X0 ~ X27 24 点	X0 ~ X37 32 点	X0 ~ X47 40 点	X0 ~ X77 64 点	X0 ~ X267 184 点
输出继电器 Y	Y0 ~ Y7 8 点	Y0 ~ Y17 16 点	Y0 ~ Y27 24 点	Y0 ~ Y37 32 点	Y0 ~ Y47 40 点	Y0 ~ Y77 64 点	Y0 ~ Y267 184 点
辅助继电器 M	M0 ~ M499 500 点，一般用		M500 ~ M1023 524 点，保持用		M1024 ~ M3071 2048 点，保持用		M8000 ~ M8255 256 点，特殊用
状态器 S	S0 ~ S499　500 点，一般用 初始化用 S0 ~ S9；回原点用 S10 ~ S19			S500 ~ S899　400 点，保持用		S900 ~ S999　100 点， 信号报警用	
定时器 T	T0 ~ T199 200 点 100ms 子程序用 T192 ~ T199		T200 ~ T245 46 点 10ms		T246 ~ T249 4 点 1ms，累积		T250 ~ T255 6 点 100ms，累积
计数器 C	16 位增计数器		32 位可逆计数器		32 位可逆高速计数器最大 6 点		
	C0 ~ C99 100 点 一般用	C100 ~ C199 100 点 保持用	C200 ~ C219 20 点 一般用	C220 ~ C234 15 点 保持用	C235 ~ C245 1 相 1 输入	C246 ~ C250 1 相 2 输入	C251 ~ C255 2 相输入
数据寄存器 D \ V \ Z	D0 ~ D199 200 点，一般用		D200 ~ D511 512 点，保持用	D512 ~ D7999 7488 点，保持用，D1000 以后可作为文件寄存器用		D800 ~ D8195 256 点，特殊用	V7 ~ V0 Z7 ~ Z0 16 点，变址用
嵌套指针	N0 ~ N7 8 点 主控用	P0 ~ P127 128 点 分支指针	I00□ ~ I50□ 6 点 中断用指针	I6□□ ~ I8□□ 3 点 定时器中断用指针	I010 ~ I060 6 点 计数器中断用指针		
常数 K	16 位　-32，768 ~ 32，767			32 位　-2，147，483，648 ~ 2，147，483，647			

7. 状态器 S

状态器用于状态流程图法编程。每一个状态器可以用来代表控制状态中的一个步序，是步进顺控程序中重要的软元件，与步进顺控指令 STL 组合使用，能为编程提供方便。编号从 S0 开始，采用十进制编号。状态器分为初始状态元件、原位状态元件、通用状态元件和保持状态元件，具体编号参见表 6-1。

除上所述，PLC 中还有其他一些编程元件，如指针，是标志跳转、中断及子程序入口的元件。但不是所有的 PLC 中都有。

二、FX_{2N}系列 PLC 型号表示方法及编程软元件

FX_{2N}系列 PLC 型号表示方法如图 6-8 所示。表 6-1 给出了几种型号的编程软元件。

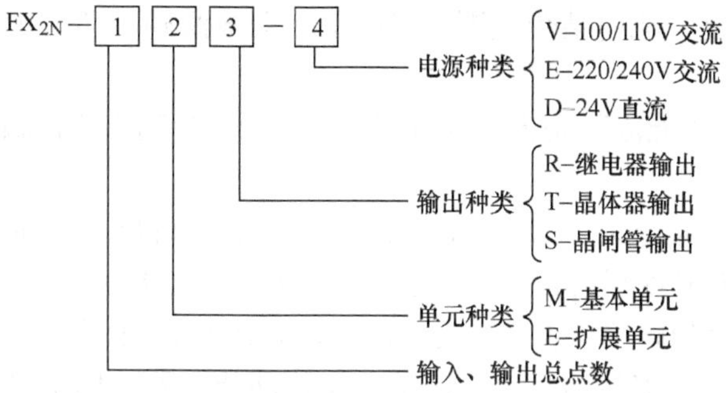

图 6-8 FX$_{2N}$系列 PLC 的型号表示方法

三、应用程序的编程语言

无论是哪个国家生产的 PLC，用户程序最常用的编程语言都是梯形图（LAD）及指令表（STL），某些产品还具有顺序功能流程图（SFC）编程功能。不同型号的 PLC 梯形图虽然并不完全相同，梯形图对应的 STL 指令也不一致，但基本模式大同小异。下面以日本三菱公司生产的 FX$_{2N}$系列 PLC 的梯形图及语句表说明应用程序的编程语言。

（1）梯形图语言 和继电接触器电路图类似，梯形图是用图形符号及图形符号间的连接关系表达控制思想的。梯形图所使用的符号主要是触点、线圈及功能框，其表示符号如图 6-9 所示。这些符号加上母线及符号间的连线就可以构成梯形图的分支，每个分支都含有与母线相连接的触点，每个分支都以一个或数个表示输出的线圈结束。图 6-10 是一段梯形图的示意图，图中左右两垂直的线就是母线，左母线总是连接由各类触点组成的触点“群”或者叫触点“块”，右母线总是连接线圈或功能框（右母线可省略，图中用虚线绘制）。

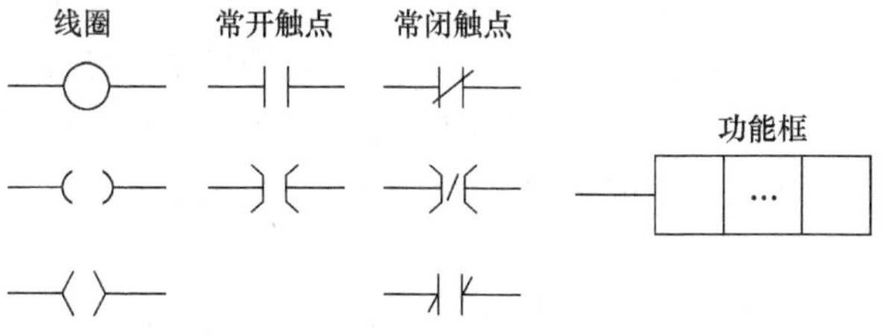

图 6-9 FX$_{2N}$系列 PLC 的编程元件的表示方法

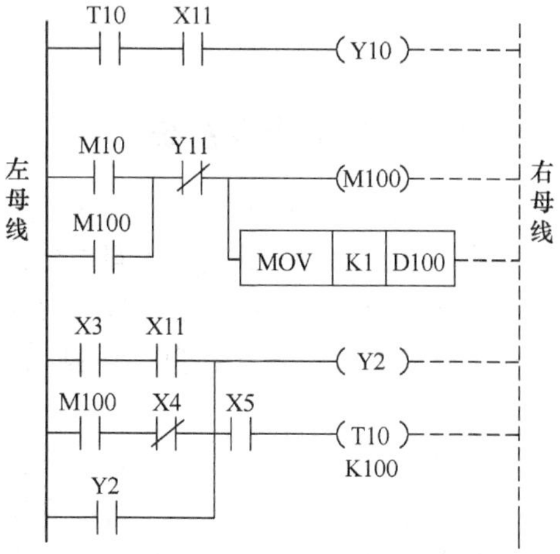

图 6-10 FX$_{2N}$系列 PLC 的梯形图示例

理解 PLC 梯形图的一个关键概念是“能流”，一种假想的“能量流”。在图 6-10 中，如把左边的母线假想为电源“相线”，而把右边的母线假想为电源“中性线”，当针对某个线圈的一个通路中所含的所有动合触点是接通的、所有的动断触点是闭合的，就会有“能流”从左至右流向线圈，则线圈被激励，线圈置 1，线圈所属器件的动合、动断触点会动作。与此相反，如没有“能流”流向某个线圈，线圈就不会被激励。还要记住，能流永远是从左向右流动的。

要强调指出的是，“能流”是人们为方便梯形图的理解而引入的概念，它实际上是并不存在的。

（2）指令表语言　指令表（STL）语言类似于通用计算机程序的助记符语言，是可编程序控制器另一种常用基础编程语言。所谓指令表，指一系列指令按一定顺序的排列，每条指令有一定的含义，指令的顺序也表达一定的含义。指令往往由两部分组成，一是由几个容易记忆的字符（一般为英文缩写词）来代表某种操作功能，称为助记符；另一部分则是用编程元件表示的操作数，准确地说是操作数的地址，也就是存放操作数及运算结果的地方。

在图 6-11 中给出了一段梯形图所对应的指令表。

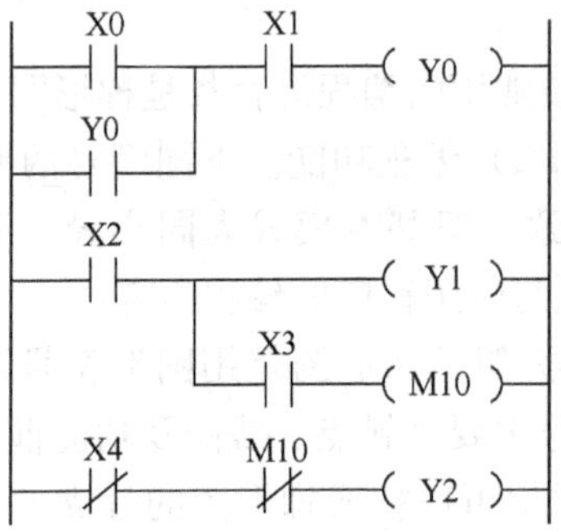

a) 梯形图

语句步	指令	元素	
0	LD	X0	与母线相连
1	OR	Y0	触点并联
2	AND	X1	触点串联
3	OUT	Y0	驱动指令
4	LD	X2	
5	OUT	Y1	
6	AND	X3	
7	OUT	M10	
8	LDI	X4	
9	ANI	M10	
10	OUT	Y2	

b) 指令表

图 6-11　梯形图与其对应的指令表

四、PLC 的指令系统

PLC 一般有上百条指令，通常分为基本指令、应用指令和步进指令。基本指令主要是逻辑运算指令，一般含触点及线圈指令、定时器、计数器指令及简单的程序流程指令，是使用频率最高的指令。应用指令则是为数据运算及一些特殊功能设置的指令，如传送比较、加减乘除、循环移位、程序控制、中断及高速处理等。步进指令是专为步进程序编制设计的指令。

一般来说，编写一段程序时，单独使用梯形图或单独使用指令表都是可行的。但是梯形图与指令表是一个整体、一个统一在某种类型 PLC 程序中的整体，在各种 PLC 中，梯形图与指令表都有着严格的对应关系，了解及把握这种对应关系对掌握指令的含义及应用十分重要。

由于 PLC 的指令实质上是计算机的指令，是数据处理的说明，指令所涉及数据的类型、数据的长短、数据存储器的范围对正确地使用指令有着很重要的意义。

以下以三菱 FX_{2N} 系列可编程序控制器的指令系统介绍 PLC 的指令及其功能。

第二节 基本指令及分类功能

三菱 FX$_{2N}$系列 PLC 具有基本指令 27 种。以下分类介绍几种常用基本指令，其余指令的应用请参考有关文献。

一、触点类指令

在梯形图中，触点或者触点的组合（触点块）用来表示事件发生（输出）的条件，触点及触点在梯形图中与其他触点及其他梯形图符号间的相互关联是组成梯形图的最主要的内容。继电器—接触器系统中，基本触点分为动合触点及动断触点，在 PLC 中根据脉冲功能需要又衍生出上升沿脉冲触点及下降沿脉冲触点。根据触点与梯形图母线及与其他梯形图符号间的关联，触点指令可以分为以下几类：

1. 表达与左母线直接相连接触点的指令

含从母线直接取用动合触点指令（LD）和从母线直接取用动断触点指令（LDI）。以上两种指令均为有操作数指令（助记符后接有地址）。当动合触点的存储单元置 1，动断触点的存储单元置 0 时，有能流经母线通过触点。

2. 表达单个触点与梯形图其他区域相连接的指令

单个触点与梯形图其他区域连接有串联及并联两种情形，加上触点有常开、常闭两类，该类指令计有 4 条，分别是串联常开触点指令（AND）、串联常闭触点指令（ANI）、并联常开触点指令（OR）和并联常闭触点指令（ORI）。这 4 条指令也为有操作数指令。其功能也从能流通过的角度理解。图 6-12 为一段含有单个触点指令的梯形图，标出了以上相关指令的使用方法。图中，M100 及 Y2 两个触点虽然也是与母线直接相连，但由于不是该梯形图支路的第一个符号，因而被看做并联在前列符号上的触点。图 6-12 中还给出了该梯形图的指令表。

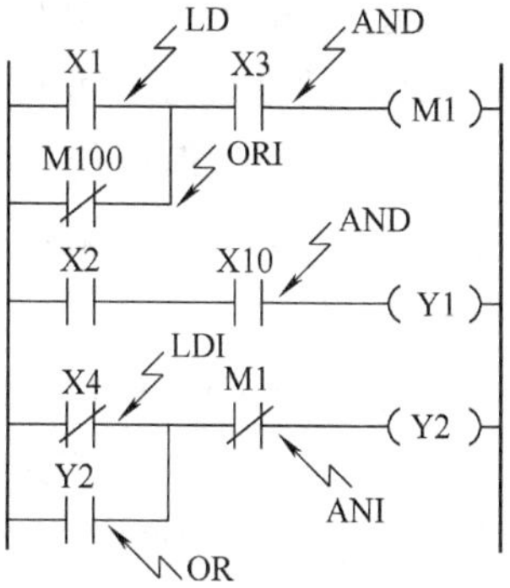

语句步	指令	元素
0	LD	X1
1	ORI	M100
2	AND	X3
3	OUT	M1
4	LD	X2
5	AND	X10
6	OUT	Y1
7	LDI	X4
8	OR	Y2
9	ANI	M1
10	OUT	Y2

图 6-12 单触点指令说明

3. 表达多个触点与梯形图其他区域相连接的指令

在逻辑关系较复杂的梯形图中，常见触点的串并联混合连接，或存在触点及触点块后连接多个输出分支的情况，这需要用到以下数种指令。

（1）触点块的连接指令　并联触点块的串联指令（ANB）及串联触点块的并联指令（ORB）用来表示多触点组合与前边梯形图的关系。图 6-13 给出了这两条指令的应用实例。图 6-13 中存在着 X0、X1 组成的触点块与 X2、X3、X4、X5、X6 组成触点块的串联连接及 X2、X3 组成的触点块与 X4、X5 组成的触点块并联的连接，需使用 ANB、ORB 指令。在使用这两条指令时，语句的叙述总是先说明触点块的构成，再说明触点块与前边触点区域的关系，图 6-13 中给出了梯形图对应的指令表。ANB、ORB 指令为无操作数指令。

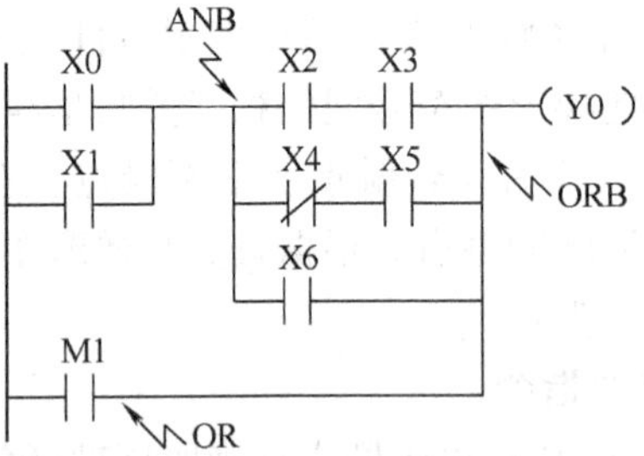

语句步	指令	元素
0	LD	X0
1	OR	X1
2	LD	X2
3	AND	X3
4	LDI	X4
5	AND	X5
6	ORB	
7	OR	X6
8	ANB	
9	OR	M1
10	OUT	Y0

图 6-13　触点块连接指令说明

（2）栈操作指令　MPS（进栈）、MRD（读栈）、MPP（出栈）为栈操作指令，用于梯形图某节点后存在分支支路的情况。每执行一次 MPS 指令，将堆栈中原有数据按顺序下移一层，留出最上层（栈顶）存放新的数据；每执行一次 MPP 指令，弹出栈顶单元的数据，此数据即从栈中消失，同时将原有数据按顺序上移一层；执行 MRD 指令是读出栈顶的最新数据，栈内的数据不发生移动，最多可连续使用 24 次。图 6-14 给出了栈操作指令的应用情况。从图 6-14 中不难看出，当分支仅有两条支路时用不到读栈指令，只有三个及以上个分支时才在进栈与出栈指令中间使用读栈指令。栈指令要求成对使用，也就是说用了进栈指令就应用出栈指令。此外，栈指令可嵌套使用，即进了一层栈后，其后的梯形图分支上又有分支存在。图 6-15 是二层堆栈的例子。FX_{2N}系列 PLC 的堆栈最多可有 11 层。需要注意的是，图 6-14 中第一条支路与第四条支路的逻辑关系完全相同，但所使用的指令却不一样，这是由于 FX 系列 PLC 指令规则规定，和线圈并联的线圈或触点与线圈组合不看做梯形图分支对待，不需要使用栈指令。栈指令为无操作数指令。

（3）主控触点指令　主控触点指令含主控触点指令（MC）及主控触点复位（MCR）两条指令。它们的功能与栈指令有许多相似之处，都是一个触点实现对一片梯形图区域的控制。不同之处在于栈指令是用“栈”建立一个分支节点（梯形图支路的分支点），而主控触点指令则用增绘一个实际的触点建立一个由这个触点隔离的区域。图 6-16 为主控触点的说明，图中，M100 为主控触点，该触点是“能流”到达触点后梯形图区域的“关卡”，因而称为“主控”。MC、MCR 指令需要成对使用，MC 指令建立新母线，MCR 指令则回复到原母线。MC 指令可以嵌套 8 层。MC 指令中的“N0”为主控触点的嵌套编号（0 ~ 7）。当不嵌套时，编号可以都使用 N0，N0 的使用次数没有限制。

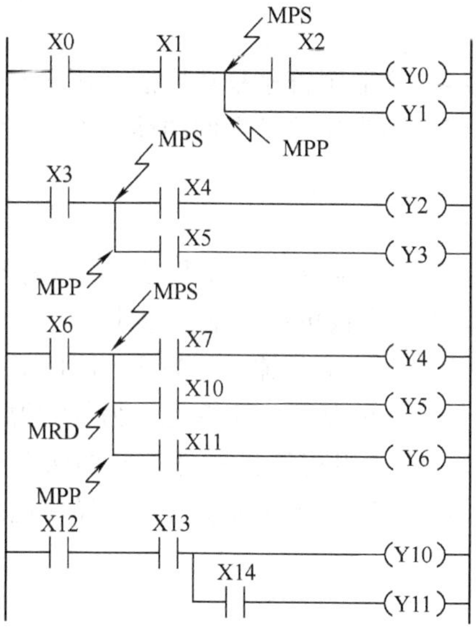

语句步	指令	元素	语句步	指令	元素
0	LD	X0	18	MRD	
1	AND	X1	19	AND	X10
2	MPS		20	OUT	Y5
3	AND	X2	21	MPP	
4	OUT	Y0	22	AND	X11
5	MPP		23	OUT	Y6
6	OUT	Y1	24	LD	X12
7	LD	X3	25	AND	X13
8	MPS		26	OUT	Y10
9	AND	X4	27	AND	X14
10	OUT	Y2	28	OUT	Y11
11	MPP				
12	AND	X5			
13	OUT	Y3			
14	LD	X6			
15	MPS				
16	AND	X7			
17	OUT	Y4			

图 6-14　堆栈指令说明

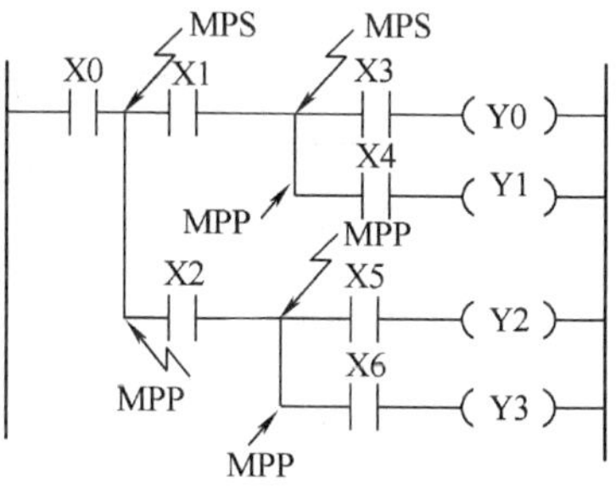

语句步	指令	元素	语句步	指令	元素
0	LD	X0	10	AND	X2
1	MPS		11	MPS	
2	AND	X1	12	AND	X5
3	MPS		13	OUT	Y2
4	AND	X3	14	MPP	
5	OUT	Y0	15	AND	X6
6	MPP		16	OUT	Y3
7	AND	X4			
8	OUT	Y1			
9	MPP				

图 6-15　二层堆栈编程说明

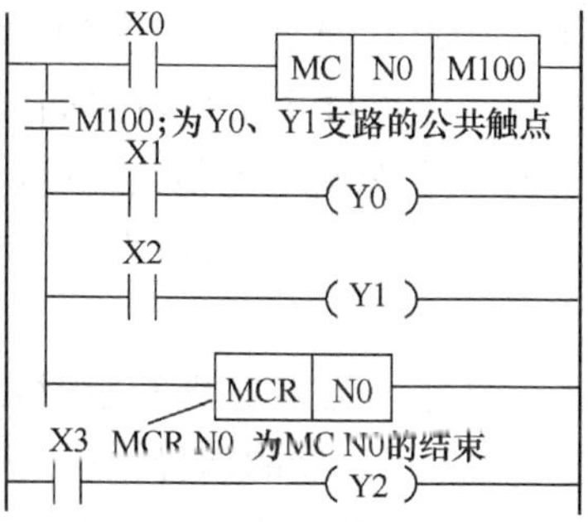

语句步	指令	元素
0	LD	X0
	MC	N0
3		M100
4	LD	X1
5	OUT	Y0
6	LD	X2
7	OUT	Y1
8	MCR	N0
10	LD	X3
11	OUT	Y2

图 6-16　主控指令说明

二、线圈输出类指令

线圈用来表示梯形图支路的输出，同样功能的梯形图符号是功能框。在梯形图中，如果说触点区域是某种事件的条件，那么线圈及功能框则表达的是事件的操作内容。线圈输出指令可分为以下三类。

1. 线圈输出指令

线圈输出指令即 OUT 指令，是有操作数指令，当能流到达线圈时，OUT 指令使线圈的存储单元置 1，能流失去时置 0。线圈输出指令的操作数可以是输出继电器，也可以是其他位元件。当是输出继电器时，OUT 指令的执行意味着对应的输出口置 1，该口上所连接的执行器件动作。而为其他位元件时，仅有相应存储单元的状态发生变化。另外需说明的是，在一个程序中，针对某个线圈的输出指令应只有一条（当有工作条件不同的两个程序输出同一个线圈指令时，PLC 仅执行排在后边的那一条）。OUT 指令前述内容已经使用多次，这里不再赘述。

2. 置位、复位指令

SET 指令及 RST 指令为置位、复位指令，是一种特殊的线圈输出指令。它们和线圈指令的不同点在于，当有能流到达置位指令时，指令操作数所对应的存储单元置 1，而后能流失去时，该存储器仍保持置 1，必须有能流到达复位该操作数的复位指令时，才复位置 0。置位、复位指令的使用说明如图 6-17 所示。

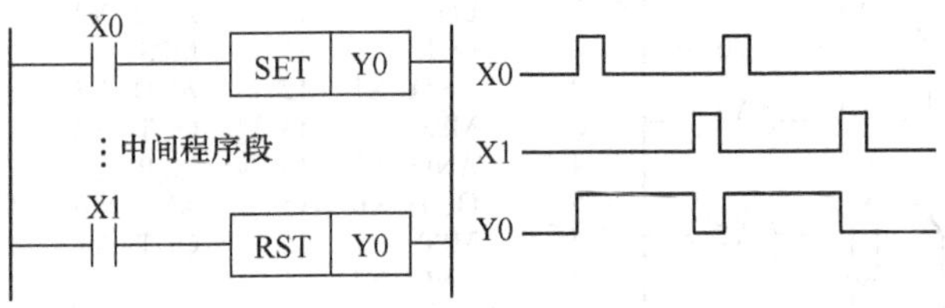

语句步	指令	元素
0	LD	X0
1	SET	Y0
	…	
	LD	X1
	RST	Y0

图 6-17　置位、复位指令说明

3. 定时器计数器输出指令

FX 系列 PLC 定时器、计数器没有专用的指令，定时器、计数器输出仍使用 OUT 指令。但定时器、计数器输出指令在 OUT 后除了应带有定时器、计数器的编号（地址）外，还需要标明定时或计数的设定值。设定值为整数，可直接指定也可以间接指定（给出存储设定值的存储器地址）。在定时器中，设定值是定时器分辨率的倍数，设定最大值为 16 位二进制数对应的十进制数值；在计数器中，设定值为计数值，最大值为 16 位或 32 位二进制数对应的十进制数值。

（1）定时器输出指令　FX 系列 PLC 定时器均为接通延时定时器。即当能流条件满足时，定时器开始计时，计时时间达到设定值时，定时器的动合触点接通，动断触点断开。定时器有积算式及非积算式两类，由定时器的编号区别（见表 6-1）。积算式定时器可以累积能流到达定时器线圈的时间，而非积算式定时器在能流接通时间短于设定时间消失时，对前边的时间不予记录。非积算式定时器计时时间到触点动作之后能流消失，则自己复位，而积算式定时器不论触点的复位及累计的定时时间的清除都需借助复位指令。图 6-18 为定时器应用的梯形图例。习惯将定时器的分辨率、设定值、工作条件、复位条件、控制对象作为定时器的使用要素。

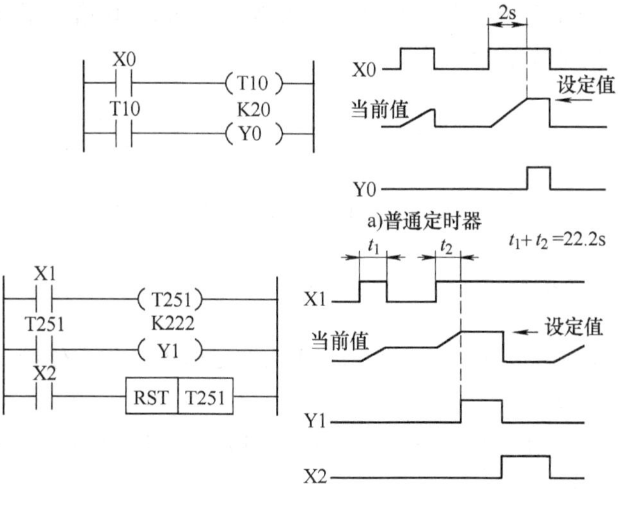

语句步	指令	元素
0	LD	X0
1	OUT	T100
		K20
4	LD	T10
5	OUT	Y0

语句步	指令	元素
0	LD	X1
1	OUT	T251
		K222
4	LD	T251
5	OUT	Y1
6	LD	X2
7	RST	T251

b)积算定时器

图 6-18　定时器指令说明

（2）计数器输出指令　计数器指令的使用比定时器指令要复杂些。这一是由于计数器有 16 位的，还有 32 位的，二是 32 位计数器为增减计数器，可以增计数又可以减计数，所以程序中就多了计数方向这个因素。更重要的是，16 位增计数器与 32 位增减计数器的工作状态也不尽相同。16 位增计数器在达到计数设定值时计数器位置 1，计数值不再变化，在复位条件满足时复位（计数器位及计数当前值均置 0）；32 位增减计数器在增计数时达到设定值时计数器位置 1，在减计数时达到设定值时计数器位置 0，在复位条件满足时复位。还有一点是 32 位计数器为环形计数器，在到达计数设定值时计数当前值仍随计数脉冲变化，且在达到正的最大值（+2147483647）后再加 1，计数当前值将变为负的最大值（-2147483648），同理当计数值为负的最大值时再减 1 则变为正的最大值。图 6-19 为 16 位增计数器的工作过程图及对应的指令表。图中，X1 为计数器的计数信号输入元件，即它们每接通断开一次，计数器计数 1。计数器的计数信号输入元件与定时器计时工作输入条件的工作状态区别就在于计时是连续信号而计数为断续信号。因而计数的复位必须用复位指令。32 位计数器的应用请参考有关文献。

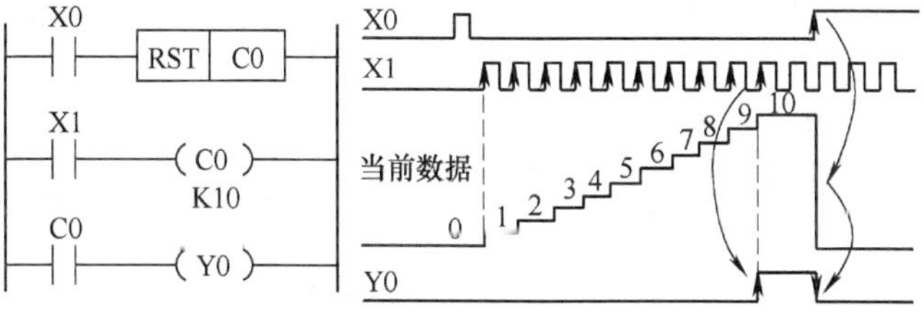

语句步	指令	元素
0	LD	X0
1	RST	C0
2	LD	C0
		K10
5	LD	C0
6	OUT	Y0

图 6-19　16 位增计数器指令说明

三、其他基本指令

除了以上所谈到的指令外，基本指令中还包括 INV（取反）指令、NOP（空操作）及 END（程序结束）指令。取反指令用于将指令前的运算结果取反，图 6-20 给出了其应用的情形，图中梯形图能流线上的斜线即表示 INV 指令。

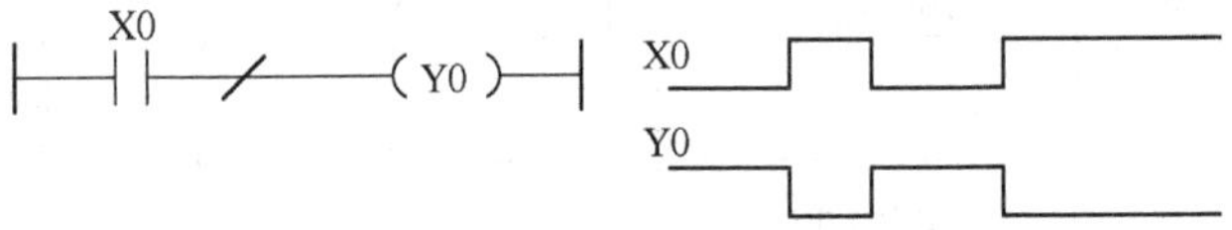

语句步	指令	元素
0	LD	X0
1	INV	
2	OUT	Y0

图 6-20　取反 INV 指令说明

空操作指令可以理解为程序表中预留的“空档”，可作为调试时增补指令使用。从指令本身的意义来说，空操作就是没有操作。

程序结束指令表示指令的结尾。在程序的分段调试时，可在长程序中加入 END 指令，从而调试 END 指令前边的程序部分。

最后需要指出的是，指令的数量是有限的，只有已确定的指令及其对应的梯形图才能为 PLC 所识别，因而在 PLC 应用中设计梯形图时一定要用 PLC 指令中已有的图形结构。

第三节　步进顺控指令

用梯形图或指令表方式编程固然被广大电气技术人员接受，但对于一个复杂的控制系统，尤其是顺序控制程序，由于内部的联锁、互动关系极其复杂，其梯形图往往长达数百行，通常要由熟练的电气工程师才能编制出这样的程序。三菱公司的小型 PLC 在基本逻辑指令之外增加了两条简单的步进顺控指令，同时辅之以大量状态元件，本节详细说明步进顺控指令的内容以及对实际顺序控制的处理方法。

（一）步进顺控的程序

从状态转移图中有代表性地抽出一个状态，如图 6-21a 所示，每个状态具有驱动负载、指定转移方向以及指定转移条件三个功能。

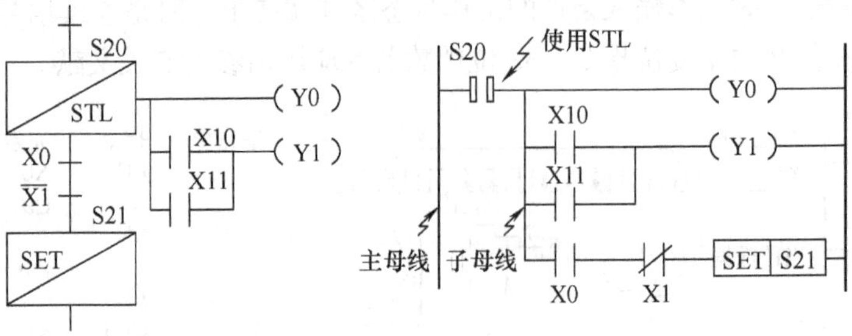

语句步	指令	元素
0	STL	S20
1	OUT	Y0
2	LD	X10
3	OR	X11
4	OUT	Y1
5	LD	X0
6	ANI	X1
7	SET	S21

a)状态转移图　　b)步进顺控图

图 6-21　步进顺控指令说明

图 6-21b 所示的步进顺序图是用软元件顺控电路表达的状态转移图。

程序用状态转移图或用步进顺控图表达都可以运行。编程顺序为先进行负载的驱动处理，接着进行转移处理。当然没有负载的状态不必进行负载驱动处理。

STL 指令为与主母线连接的常开触点指令，接着就可以在子母线里直接连接线圈或通过触点驱动线圈。连接在子母线上的触点使用 LD、LDI 指令。若要返回原来的主母线时，使用 RET（返回）指令。但是，通过 STL 触点驱动状态 S，在该 S 前面的那个状态就自动复位。

状态转移图和步进顺控图表达的都是同一个程序，它的优点是可以让编程者每次只考虑一个状态，而不用考虑其他的状态，使编程更容易。另外，状态的顺序可自由选择，不一定非按 S 编号的顺序选用。但是在一系列的 STL 指令的最后，必须要写入 RET 指令。

注：1）STL 电路中不能用 MC 指令。

2）MPS 指令也不能紧接着 STL 触点后使用。

（二）初始状态编程

在状态转移图起始位置的状态即是初始状态，S0 ~ S9 可用做初始状态。

初始状态也可由其他状态元件驱动。最开始运行时，初始状态则必须用其他方法预先驱动，使之处于工作状态。

图 6-22 所示例中，初始状态最初是由 PLC 从 STOP→RUN 切换瞬时动作的特殊辅助继电器 M8002 驱动，使 S0 置 1。

除初始状态之外的一般状态元件必须在其他状态后加入 STL 指令才能驱动，不能脱离状态而用其他方式驱动。

编程时必须将初始状态编在其他状态之前。如图 6-23c 所示的程序例所示，程序中在一系列 STL 指令的最后必须要有 RET 指令，如果没有 RET 指令，周期性操作的 PLC 将第 0 步的 LD 指令看成为与 STL S23 的副母线连接，引起误动作。

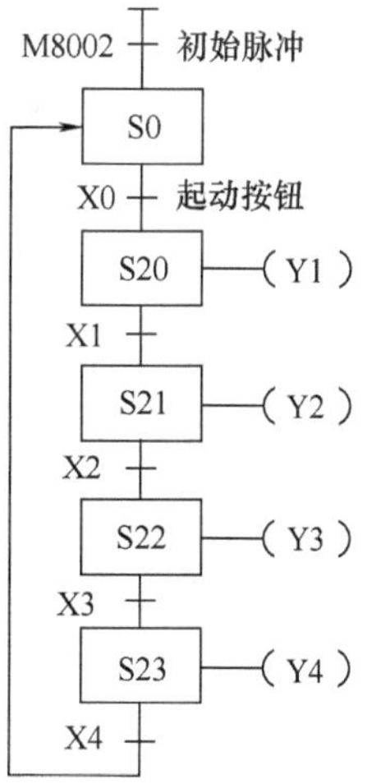

图 6-22　状态转移图

（一）STL 指令的动作

当 STL 触点接通（ON），与此连接的电路就运行。

当 STL 触点断开（OFF），与此连接的电路停止运行，在其负载复位后一个扫描周期，这部分线路的指令就被跳过不再执行。

（二）对状态的各种指令的处理

STL 指令仅对状态元件 S 有效，对状态元件 S，还可以用 LD/LDI、AND/ANI、OR/ORI、OUT、SET/RST 等触点和线圈指令。

对于 STL 指令后的状态 S，OUT 指令与 SET 指令具有同样的功能，即都能使转移源自动复位，另外还具有停电自保持功能。但是，OUT 指令在状态转移图中，只用于向分离的状态转移，而不是向相邻的状态转移。

例如两台笼型电动机 M_1、M_2 顺序起动、顺序停止。要求：M_1 先起动，3s 后 M_2 才能起动；按下停止按钮后，M_2 先停止 2s 后 M_1 停止。PLC 外部接线和程序设计如图 6-23 所示。

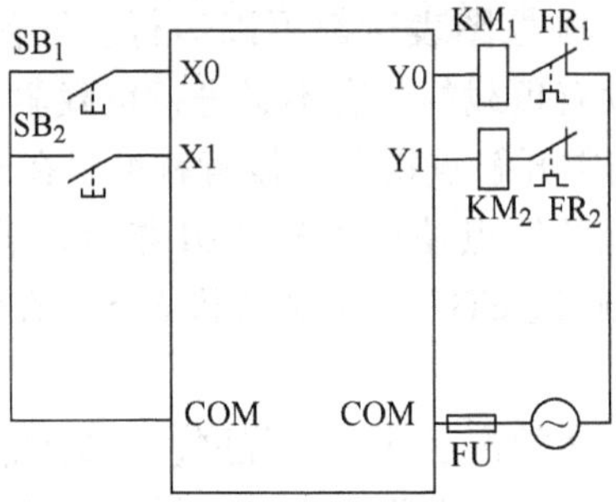

a) PLC 外部接线图

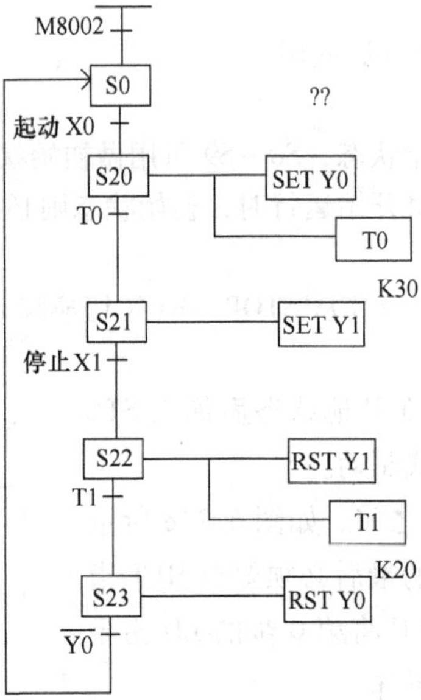

b) 步进顺控图

指令	元素
LD	M8002
SET	S0
STL	S0
LD	X0
SET	S20
STL	S20
SET	Y0
OUT	T0
	K30
LD	T0
SET	S21
STL	S21
SET	Y1
LD	X1
SET	S22
STL	S22
RST	Y1
OUT	T1
	K20
LD	T1
SET	S23
STL	S23
RST	Y0
LDI	Y0
OUT	S0
RET	
END	

c) 指令表

图 6-23　两台电动机顺序控制的 PLC 外部接线和程序设计

习　题

6.1　说明 PLC 梯形图与继电接触器控制系统电气原理图的区别。

6.2　OUT 指令与 SET 指令有何异同?

6.3　OR 和 ORB 指令都是并联指令，它们有何不同?

6.4　AND 和 ANB 指令都是串联指令，它们有何不同?

6.5　什么是状态转移图? 状态转移图主要由哪些元素组成?

6.6　写出图 6-24 所示梯形图的指令表。

6.7　画出图 6-25 中指令表对应的梯形图。

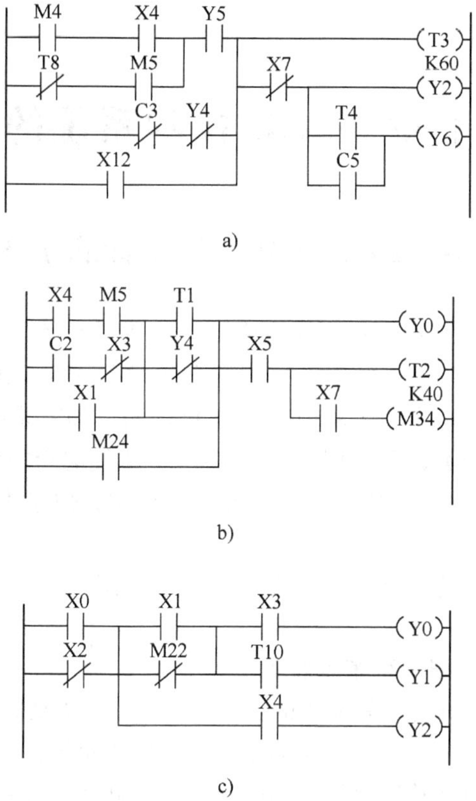

图 6-24　习题 6. 6 图

指令	元素
LDI	X4
ANI	M5
OR	X14
LD	Y13
ORI	T10
AND	X12
LD	X7
AND	M35
ORB	
ORI	X22
ANB	
OR	X15
MPS	
OUT	M33
MPP	
ANI	X17
OUT	T21
	K100

a)

指令	元素
LD	X2
AND	M6
MPS	
LD	X12
ORI	Y23
ANB	
MPS	
AND	X5
OUT	M12
MPP	
ANI	X34
OUT	M35
AND	X1
OUT	Y24
MPP	
AND	X6
OUT	Y2

b)

图 6-25　习题 6. 7 图

第七章　PLC 控制系统的设计

第一节　PLC 控制系统设计的步骤及内容

可编程序控制器是通用的工业控制计算机，从原则上说，可以应用在各种工业控制场合。将可编程序控制器应用于具体工业控制场合的过程称为 PLC 的应用开发。不经过应用开发，PLC 在任何场合都不能直接使用。学习 PLC 的目的就是要将它应用于实际的工业控制系统中。面对市场上种类繁多、型号不一的 PLC 及其配套的各种模块、元器件，初学者往往不知所措，无从下手。本章从工程实际出发，介绍如何应用前面所学的知识，设计出经济实用的 PLC 控制系统。

PLC 的应用开发含系统规划、硬件配置、程序编制及调试应用等几个步骤，大致如下所述。

1. 对象的控制要求调研及系统规划

PLC 应用开发之前要充分了解应用的目的和任务。比如要控制一台机床，需要了解该机床的生产工艺；需要了解机床的操作及动作，设有哪些操作装置，如按钮、主令开关及配有哪些检测装置，操动需哪些执行机构，如电动机的接触器、电磁阀或特种电源等；并要认真弄清这些装置间的操动配合制约关系及需设有哪些保护等。另外还要了解控制过程中各种信号的种类，如开关量信号、模拟量信号、脉冲串等，并在以上工作的基础上清点接入 PLC 信号的数量，以选择合适的 PLC 机型，做好系统规划。

2. PLC 的资源分配及接线设计

PLC 的资源分配及接线设计指在机型选择基础上的硬件资源分配及接线安排。资源分配含输入口分配、输出口分配及机内其他软元件地址的确定，这些需在接线及编程前完成，以减少后序工作中可能出现的混乱。PLC 的输入口主要连接主令信号、反馈信号，如按钮、开关及传感器等。输出口要输出执行信号，需连接接触器的线圈等器件。输入口及输出口安排时需同时考虑 PLC 及外围接入设备的电源。在资源分配、接线设计完成时应能完成电气接线的原理图样。

3. 程序编制

PLC 控制系统的功能是通过程序实现的。程序描述了控制系统各种事物间的联系及制约。在将主令信号、反馈信号接入 PLC，并用机内编程元件代表它们时，程序也就成了机内各种器件间关系的描述。

编程时首先要选择编程的方法及程序的结构，还要选择编程语言将程序构思变成具体的程序。具体说来，编程就是绘梯形图或列写指令表。

4. 程序的调试及修改完善

初步编制完成的程序需下载到 PLC 中实际运行，并与控制设备联机调试修改后才能达到较好的控制效果。

以上 4 点中，1、4 两点可以理解为 PLC 应用开发的准备及初步设计系统的完善，2、3 两点则是 PLC 系统设计的核心内容。以下就 2、3 两点再做些具体说明。

第二节　PLC 控制系统开发中硬件资源分配及接线

一、硬件资源分配

硬件资源分配主要指输入、输出端口的分配。以整体式 PLC 来说，每一款具体的机器输入、输出口的数量都是一定的，也就是说资源是有限的。另一方面，在编程前，各输入、输出端口上连接什么设备也要确定下来，否则程序中不能编写地址。输入、输出端口的分配一是不能重复，二是有的输入、输出端口具有特殊的功能，安排时要兼顾。比如只有少量的输入口具有接收高速脉冲的能力，也只有少数的输出口具有输出脉冲的能力。此外 PLC 输出口往往是分组布置的，在输出口连接器件的电源有不同要求时，安排输出口设备时要注意满足电源接入类型与输出器件数量的需要。

硬件资源的安排也涉及输入、输出口之外的存储单元，如辅助继电器、数据存储器，也要在编程前确定每个器件的用途，即哪个存储单元分配存哪些数据。这在存储的数据多，用途杂，寻址方式交叉时特别重要。编程前列表，把程序中所需的存储单元及用途分别列出，以备编程中查询应用。辅助继电器、数据存储器的选择安排中除了编号不能重复外，选用还应注意编号的规律性，依用途分区，这对程序的编制及查找修改是有利的。

二、PLC 的端口接线

从工程设计的角度出发，PLC 的输入、输出端口分配最好能绘出接线图，同时解决电源及输入、输出器件的接入、系统的接地等问题。以下按电源接线、输入口器件的连接及输出口器件的连接、通信线的连接等方面简单说明。

1. 电源接线

PLC 基本单元的供电通常有两种情况：一种是直接使用工频交流电，通过机箱上的交流输入端子连接，对电压的要求比较宽松，100～220V 均可使用；另一种用外部直流开关电源供电，一般为直流 24V 电压。采用交流供电的 PLC 经机内开关电源生成直流 24V 电源，为输入器件及扩展单元供电。PLC 中交流电源、直流输入型的居多。图 7-1 所示为三菱 $FX_{2N}-32$ 系列 PLC 机型的接线端子排列图，图中，机箱上部端子排中标

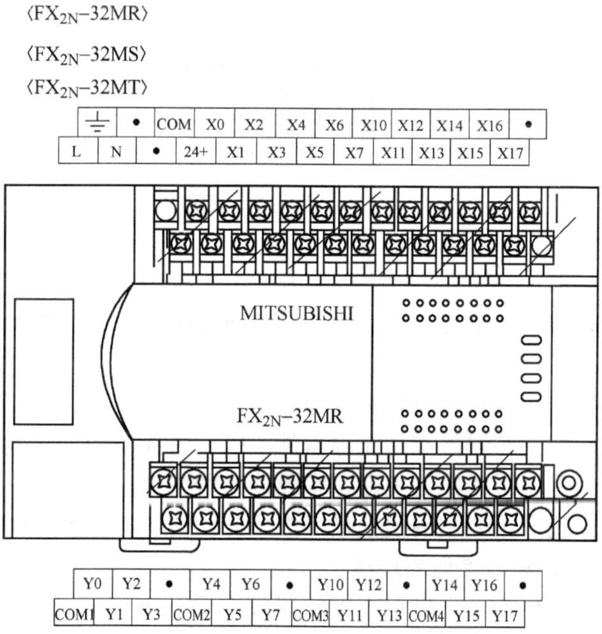

图 7-1　$FX_{2N}-32$ 系列 PLC 接线端子排列图

有 L 及 N 的接线位为交流电源相线（L）及中性线（N）的输入点，其他系列机型的接线端子排列请参见相关手册。图 7-2 所示为基本单元接有扩展单元及扩展模块时交直流电源的配线情况。从图 7-2 可知，不带有内部电源的扩展模块所需的 24V 电源由基本单元或由带有内部电源的扩展单元提供。

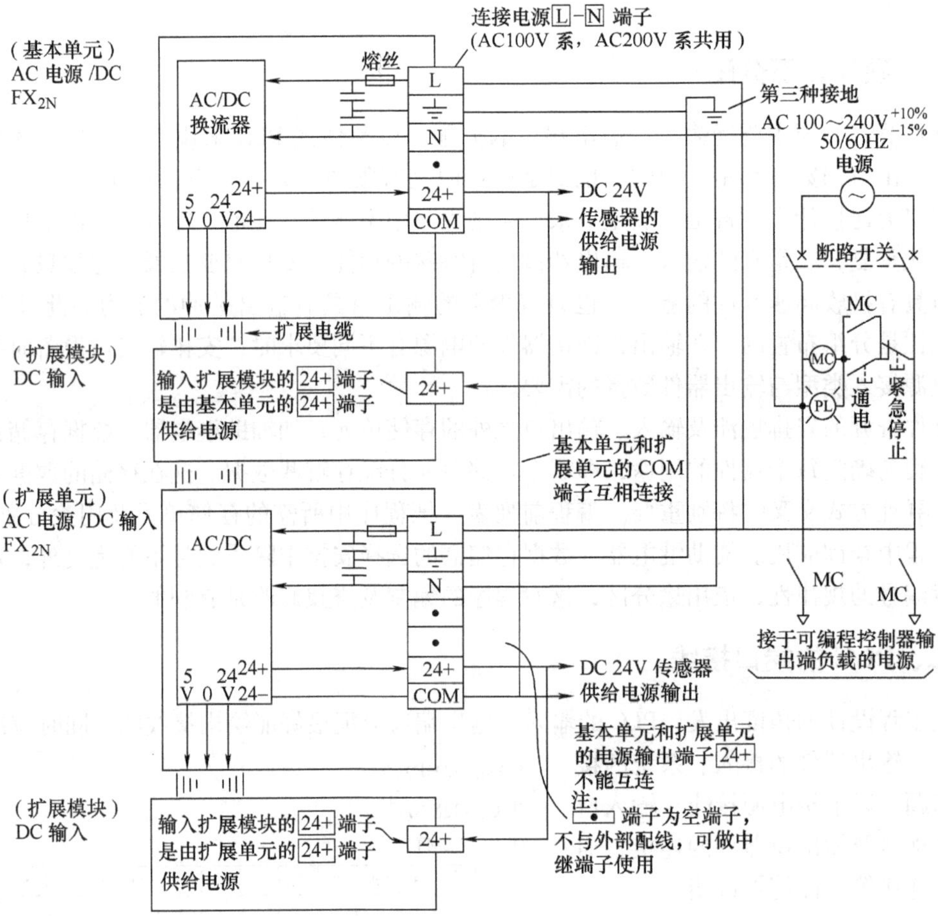

图 7-2　交流电源、直流输入型机电源的配线

2. 输入器件的连接

PLC 的输入器件主要有开关、按钮及各种传感器，这些都是触点类型的器件，在接入 PLC 时，每个触点的两个接头分别连接一个输入点及输入公共端。PLC 的开关量输入接线点都是螺钉接入方式，每一位信号占用一个。图 7-1 中机箱上部为输入端子，COM 端为公共端，当输入点数较多时，为方便接线 COM 端可能不止一个，多个 COM 端一般是连通的。开关、按钮等器件都是无源器件，PLC 内部电源能为每个输入点大约提供 7mA 工作电流，这也就限制了线路的长度。有源传感器在接入时需注意与机内电源的极性配合。模拟量信号的输入需采用专用的模拟量工作单元。图 7-3 所示为输入器件的接线图。

3. 输出器件的连接

PLC 的输出口上连接的器件主要是继电器、接触器、电磁阀的线圈。这些器件均采用 PLC 机外的专用电源供电，PLC 内部不过是提供一组开关接点。接入时线圈的一端接输出点

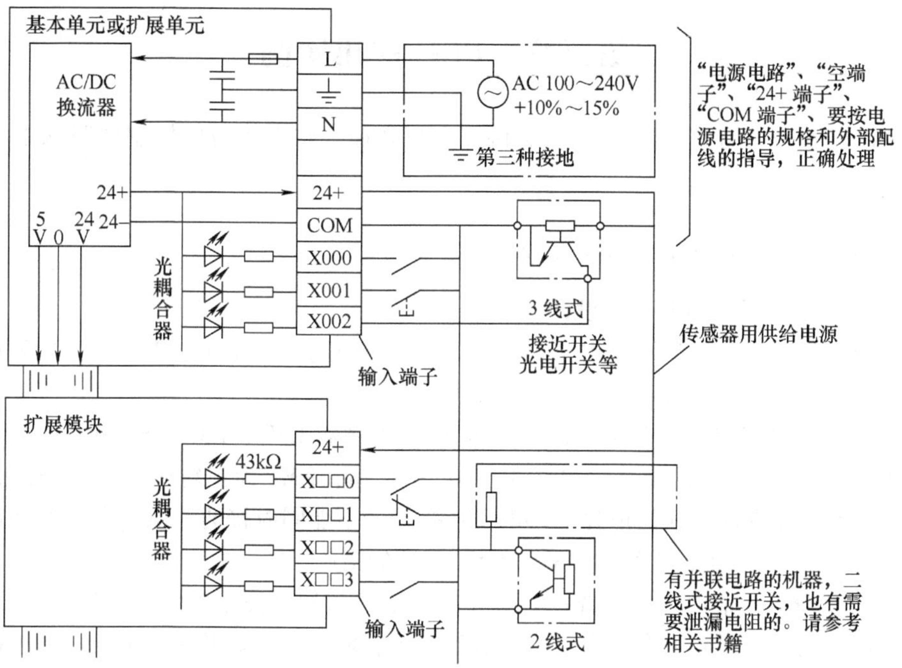

图 7-3　输入器件的接线图

螺钉，另一端经电源接输出公共端。图 7-1 中，机箱的下端为输出端子，由于输出口连接线圈种类多，所需的电源种类及电压不同，输出口及公共端常分为许多组，而且组间是隔离的。PLC 输出口的电流定额一般为 1A 或 2A，大电流的执行器件需配装中间继电器。图 7-4 所示为 PLC 内部输出元件为继电器时输出口连接输出器件的接线图。当输出口为晶体管时，接线还需注意电流的方向。

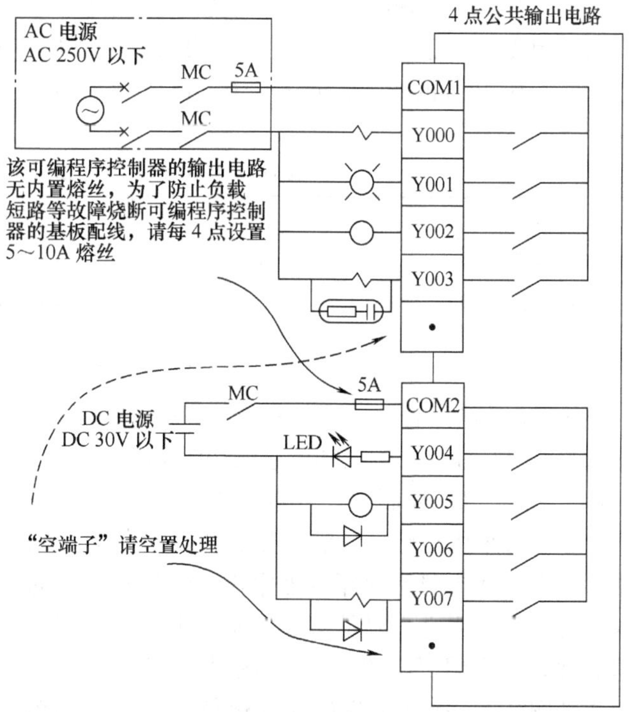

图 7-4　输出器件的接线

4. 通信线的连接

PLC 一般设有专用的通信口。FX_{2N} 系列 PLC 为 RS422 口，与通信口的接线常采用专用的接插件连接。

第三节　PLC 应用实例

本节以三菱公司的 FX_{2N}系列 PLC 为例，介绍其在一些常用电气控制电路和工业生产设备上的应用。

一、常用电气电路的 PLC 控制

1. 电动机正、反转控制系统设计

按钮和接触器复合联锁的三相异步电动机正反转控制电路如图 2-7 所示。电路原理在前面已作深入分析，利用 PLC 控制的设计步骤如下：

（1）分析控制要求　图 2-7 中，电动机 M 由接触器 KM_1、KM_2 控制其正反转。SB_2 为正向起动按钮，SB_3 为反向起动按钮，SB_1 为停止按钮，KM_1 为正转接触器，KM_2 为反转接触器。要求：必须保证在任何情况下，正反转接触器不能同时接通。电路上采取将正、反向起动按钮 SB_2、SB_3 互锁，接触器 KM_1、KM_2 互锁的措施。

（2）统计输入、输出点数并选择 PLC 型号　输入信号有按钮 3 个，热继电器 FR 的保护触点如作输入信号，要占 1 个输入点。从节省输入、输出点，降低成本出发，可放在输出电路中，不占输入点。因此，只有 3 个输入信号。考虑留 15% 的裕量，取整数 4，需 4 个输入点。

输出信号有接触器 2 个，占 2 个输出点，考虑留 15% 的备用点，最多需 3 个输出点。

可选用 FX_{2N} -16MR 型 PLC，这是 FX_{2N}系列的最小型，有 8 个输入点，8 个输出点，完全满足本例要求。型号后面字母“R”表示该型号 PLC 为继电器输出。

（3）分配 PLC 的输入、输出端子，设计 PLC 输入、输出接线图　本例中 PLC 输入、输出端子分配见表 7-1。

表 7-1　PLC 输入、输出端子分配表

输入设备	输入端子	输出设备	输出端子
正向起动按钮 SB_2	X0	正转接触器 KM_1	Y0
反向起动按钮 SB_3	X1	反转接触器 KM_2	Y1
停止按钮 SB_1	X2		

将热继电器 FR 的常闭触点串接到 KM_1、KM_2 线圈供电回路中，保护功能不变，省了 1 个输入点。PLC 输入、输出端子接线如图 7-5 所示。

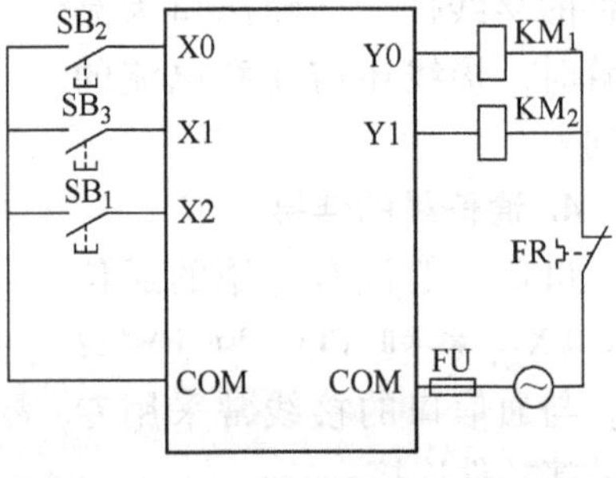

图 7-5　PLC 输入、输出端子接线图

（4）设计 PLC 控制程序（梯形图）　本例动作要求简单，可采用经验设计法。根据被控对象的控制要求，首先选择典型控制环节程序段。由于所选择的程序段通常并不能完全满足实际控制要求，故还应对这些程序段进行组合、修改，以满足本装置控制要求，得到图 7-6a 所示的 PLC 控制梯形图，根据梯形图可写出指令表程序，如图 7-6b 所示。

（5）问题讨论　PLC 采用的是周期循环扫描的工

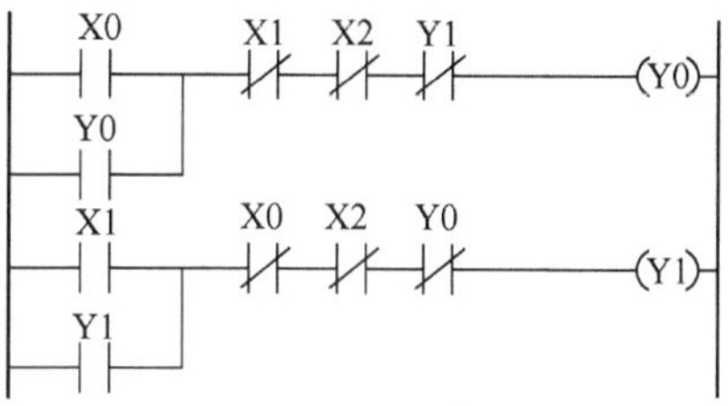

a) 梯形图

语句步	指令	元素	语句步	指令	元素
0	LD	X0	7	OR	Y1
1	OR	Y0	8	ANI	X0
2	ANI	X1	9	ANI	X2
3	ANI	X2	10	ANI	Y0
4	ANI	Y1	11	OUT	Y1
5	OUT	Y0	12	END	
6	LD	X1			

b) 指令表

图 7-6 PLC 控制程序

作方式，在一个扫描周期中，其输出刷新是集中进行的，即输出继电器 Y0、Y1 的状态变换是同时进行的。当电动机由正转切换到反转时，KM_1 断电和 KM_2 得电同时进行。因此，对于功率较大、且为电感性的负载，有可能在 KM_1 断开触点，电弧尚未熄灭时，KM_2 的触点已闭合，使电源相间瞬时短路。

解决办法是增加 2 个定时器，使正、反向切换时，被切断的接触器瞬时动作，被接通的接触器延时一段时间才动作，避免了 2 个接触器同时切换造成的电源相间短路。其梯形图和指令表如图 7-7 所示。

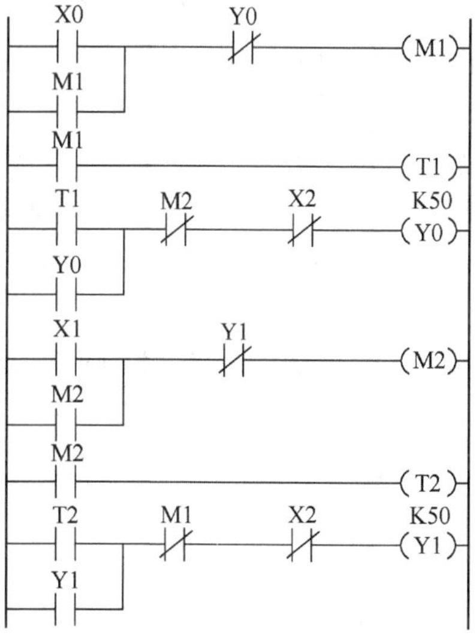

a) 梯形图

语句步	指令	元素	语句步	指令	元素
0	LD	X0	18	OUT	T2
1	OR	M1		K	50
2	ANI	Y0	21	LD	T2
3	OUT	M1	22	OR	Y1
4	LD	M1	23	ANI	M1
5	OUT	T1	24	ANI	X2
	K	50	25	OUT	Y1
8	LD	T1	26	END	
9	OR	Y0			
10	ANI	M2			
11	ANI	X2			
12	OUT	Y0			
13	LD	X1			
14	OR	M2			
15	ANI	Y1			
16	OUT	M2			
17	LD	M2			

b) 指令表

图 7-7 PLC 控制程序的改进

上面程序解决了正、反向切换时可能出现的电源相间短路问题，但也存在系统初次起动时，不论是按下正向起动按钮还是反向起动按钮，都需要经过一段延时，电动机才能起动。解决的办法是在程序中增加一个计数器，其梯形图程序如图 7-8 所示。

需要说明的是，停止按钮 SB_3 在继电接触器控制电路中一般使用常闭触点，在 PLC 控制电路中，可用常开触点，也可用常闭触点。如采用常开触点，则梯形图中对应的输入继电器 X2 要用常闭触点。

2. 两台电动机顺序起动控制系统设计

两台电动机顺序起动控制电路如图 7-9 所示。

（1）分析控制要求　这是一个两台电动机顺序起动、同时停止的控制电路。分析可知，在 M_1 起动之后，经过时间继电器 KT 的延时，M_2 自动起动。SB_2 为起动按钮，SB_1 为停止按钮。按下 SB_1，M_1、M_2 同时断电停止。为了保证先 M_1、后 M_2 的起动顺序，将 KM_2 线圈接在 KM_1 自锁触点后面，且由时间继电器 KT 的延时触点控制。

（2）统计输入、输出点数并选择 PLC 型号　输入信号有按钮 2 个，热继电器 FR_1、FR_2 的保护触点放在输出电路中，不占输入点。因此，只有 2 个输入信号。考虑留适当裕量，最多需 3 个输入点。

输出信号有接触器 2 个，占 2 个输出点，考虑留适当备用点，最多需 3 个输出点。

时间继电器 KT 既不占输入点，也不占输出点，由 PLC 内部定时器实现其功能。

综合上面分析，可选用 FX_{2N}－16MR 型 PLC，这是 FX_{2N}系列的最小型，有 8 个输入点、8 个输出点，完全满足本例要求。

（3）分配 PLC 的输入、输出端子，设计 PLC 输入、输出接线图　本例中 PLC 输入、输出端子分配见表 7-2。

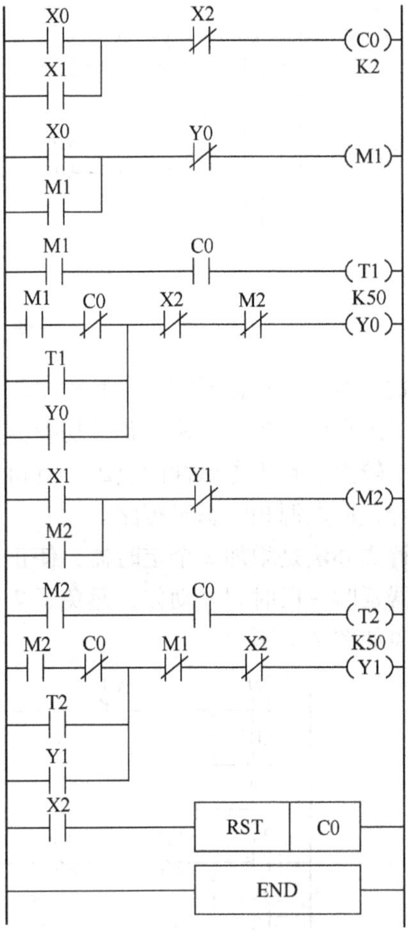

图 7-8　PLC 控制程序的改进

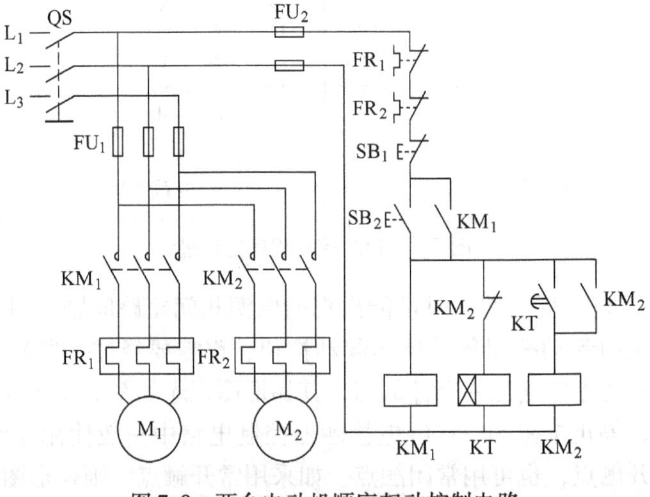

图 7-9　两台电动机顺序起动控制电路

表 7-2　PLC 输入、输出端子分配表

输入设备	输入端子	输出设备	输出端子
停止按钮 SB_1	X0	接触器 KM_1（控制 M_1）	Y0
起动按钮 SB_2	X1	接触器 KM_2（控制 M_2）	Y1

PLC 输入、输出端子接线如图 7-10 所示。FR_1、FR_2 的常闭触点接在 PLC 输出电路中，保护功能不变，省了 2 个输入点。

（4）设计 PLC 控制程序　应用经验设计法设计本例控制程序。根据控制要求，选择典型控制环节程序段。通常，所选择的程序段不能完全满足实际控制要求，还应对这些程序段进行组合、修改，才能满足实际控制要求，得到图 7-11 所示的 PLC 控制梯形图，根据梯形图可写出指令程序。

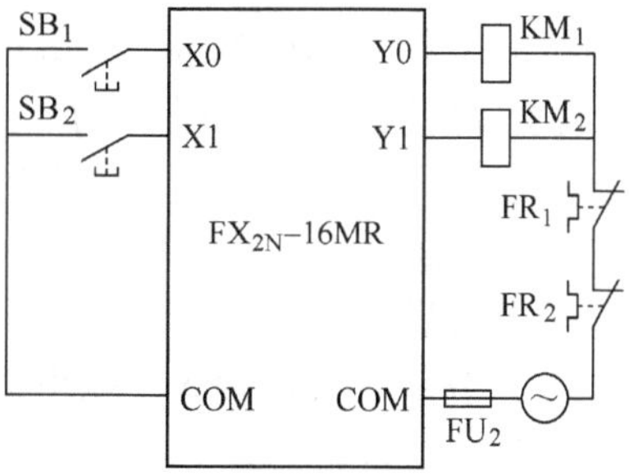

图 7-10　PLC 输入、输出端子接线图

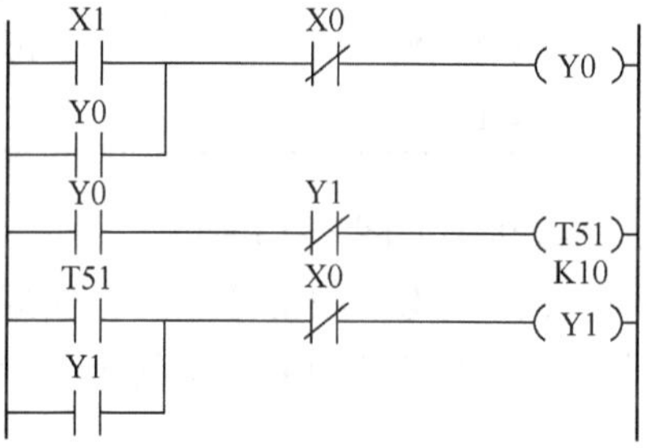

a) 梯形图

语句步	指令	元素	语句步	指令	元素
0	LD	X1	9	LD	T51
1	OR	Y0	10	OR	Y1
2	ANI	X0	11	ANI	X0
3	OUT	Y0	12	OUT	Y1
4	LD	Y0	13	END	
5	ANI	Y1			
6	OUT	T51			
	K	10			

b) 指令表

图 7-11　PLC 控制程序

3. 两级传送带的 PLC 控制

图 7-12 所示为某车间两条顺序相连的传送带及其动作时序图，用来实现物料的自动传送。

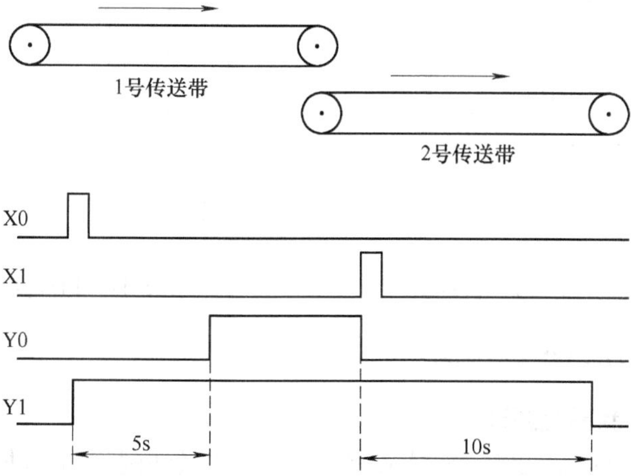

图 7-12　两条顺序相连的传送带及其动作时序图

（1）工艺过程与控制要求　为避免运送的物料在2号传送带上堆积，按下起动按钮后，2号传送带应开始运行，5s后1号传送带自动起动。停机时，则是1号传送带先停止，10s后2号传送带才停止。输入端X0接起动按钮，X1接停止按钮；输出端Y0接1号传送带接触器，Y1接2号传送带接触器。

（2）用户I/O设备及所需PLC的I/O点　分析可知，SB_1是2号传送带的起动按钮，1号传送带在2号传送带起动5s后自行起动，SB_2是1号传送带的停止按钮，1号传送带停止10s后2号传送带自行停止。为了实现PLC控制，需要占用2个输入点（采用过载保护不占输入点方式）、2个输出点，另外还需要2个定时器。实际应用时，还应考虑留15%的余量。

综合上面分析，可选用FX_{2N}－16MR型PLC，这种PLC有8个输入点和8个输出点，完全满足本例要求。

（3）分配PLC的输入、输出端子，设计PLC输入、输出接线图　本例中PLC输入、输出端子分配见表7-3。

表7-3　PLC输入、输出端子分配表

输入设备	输入端子	输出设备	输出端子
起动按钮SB_1	X0	接触器KM_1	Y0
停止按钮SB_2	X1	接触器KM_2	Y1

根据PLC输入、输出端子分配表，画出PLC的接线图如图7-13所示。

（4）设计PLC控制程序　本例中起动按钮和停止按钮均采用常开触点，根据控制要求，参照典型控制环节程序段。通过组合、修改，即可设计出图7-14所示的PLC控制程序梯形图。

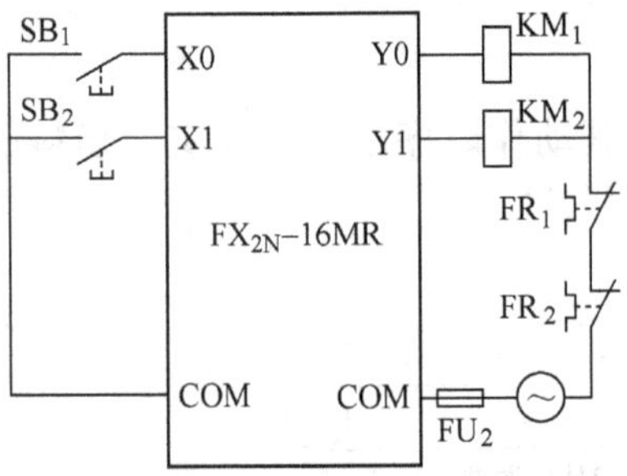

图7-13　PLC输入、输出端子接线图

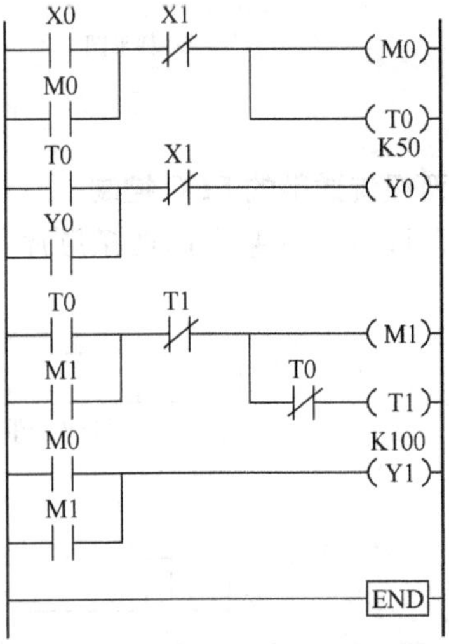

图7-14　PLC控制程序梯形图

二、PLC对液压系统的控制

1. 液压动力头控制系统原理

动力头是既能完成进给运动，而且又能同时完成刀具切削运动的动力部件。其工作过程和继电器控制系统见第二章第七节。

2. 液压动力头 PLC 控制

（1）确定 PLC 的硬件连接　清点继电器控制电路中的按钮、行程开关等主令电器，可确定应有 7 个输入信号（4 个按钮、3 个行程开关），则需占用 7 个输入点。在实际应用中，为节省 PLC 的点数，可适当改变输入信号接线，如可将两个输入信号串联或并联后作为 PLC 的一个输入信号，就能减少一个输入点。这样可以降低设备的成本，然而由于有些接点采用串、并联的形式输入，可能降低输入器件的可靠性和整个控制系统的可靠性。

依此方法可得到 PLC 的输入、输出点分配及接线图如图 7-15 所示。

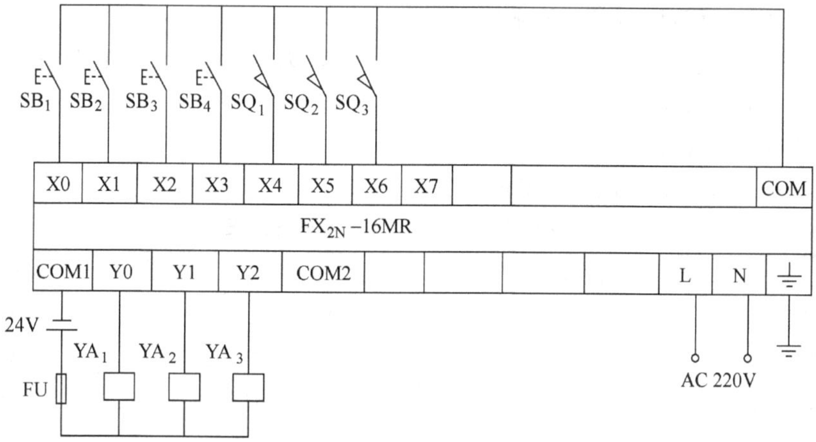

图 7-15　PLC 输入、输出点分配及接线图

PLC 输出控制对象主要是控制电路中的执行器件，如接触器、电磁阀等。该继电器控制电路中的执行器件没有接触器，只用中间继电器 KA_1、KA_2、KA_3，电磁阀 YA_1、YA_2、YA_3。如果控制电路中所用执行元器件所加电压的种类与高低不一样，必须占用 PLC 的不同组输出通道，并选择继电器输出型的 PLC。通过对控制系统输入、输出电路的综合分析，选择 $FX_{2N}-16MR$ 实施该系统控制是比较合适的。

原控制电路中的中间继电器 KA_1、KA_2、KA_3 起到自锁作用，可分别由 PLC 的输出继电器替代。由此可见，若继电器控制电路中，中间继电器使用越多，采用 PLC 替代后的优越性越显著。

（2）PLC 控制系统梯形图的设计　根据继电器控制原理图完成 PLC 控制的梯形图“移植”工作。根据继电器控制电路的逻辑关系，按照一一对应的方式画出 PLC 控制的梯形图，即按支路形式逐条转换。然后再按梯形图编程的规则对其进行规范化处理及简化，就可得出图 7-16 所示的梯形图。

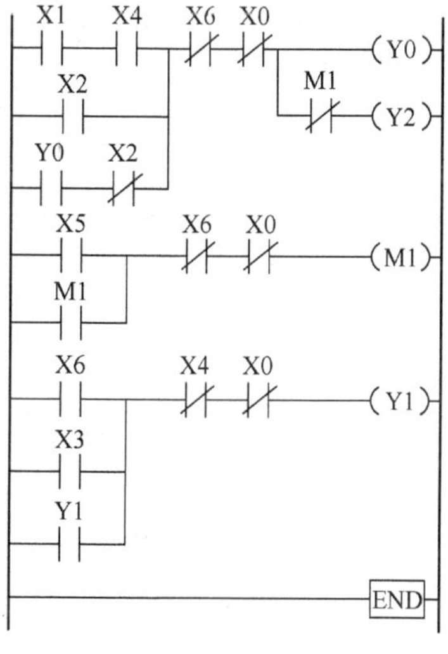

图 7-16　PLC 控制程序梯形图

三、PLC 对指示灯的控制

PLC 常用于对指示灯进行控制，如交通信号灯等。下面以抢答器为例说明其 PLC 控制系统的设计方法。

1. 控制原理

有三组答题人，分别为教授组、学生组、儿童组。抢答规则为：

1）要回答主持人的提问，必须抢先按下桌上的按钮。

2）为了给儿童一些优待和给教授组一些限制，在教授组和儿童组各设两个按钮，儿童组只要有一个按钮被按下就为抢答成功，而教授组必须两人同时按下不同的按钮才算抢答成功。

3）抢答成功后相应的指示灯亮。

4）主持人按下复位按钮后，指示灯灭。

5）如果儿童组竞赛者在主持人合上 SA 开关的 10s 内抢答成功，电磁铁使彩球摇动，以示竞赛者得到一次幸运的机会。

2. PLC 控制系统设计

本例中 PLC 输入、输出端子分配见表 7-4。

表 7-4　PLC 输入、输出端子分配表

输入设备	输入端子	输出设备	输出端子
儿童组按钮 SB_{11}	X0	儿童组指示灯 HL_1	Y0
儿童组按钮 SB_{12}	X1	学生组指示灯 HL_2	Y3
学生组按钮 SB_2	X2	教授组指示灯 HL_3	Y5
教授组按钮 SB_{31}	X3	幸运彩球电磁铁 YA	Y7
教授组按钮 SB_{32}	X4		
复位按钮 SB_4	X5		
选择开关 SA	X6		

根据 PLC 输入、输出端子分配表，选用 $FX_{2N}-16MR$ 实施该系统的控制，画出 PLC 的接线图如图 7-17 所示。

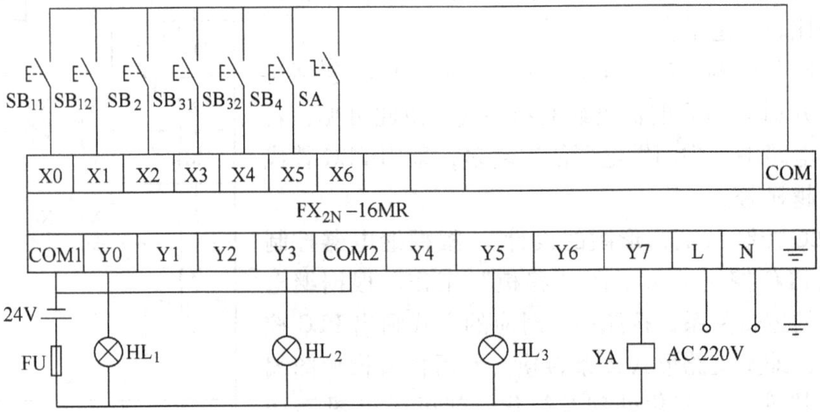

图 7-17　PLC 输入、输出端子接线图

3. 设计 PLC 控制程序

根据控制要求，设计出其控制程序梯形图，如图 7-18 所示。

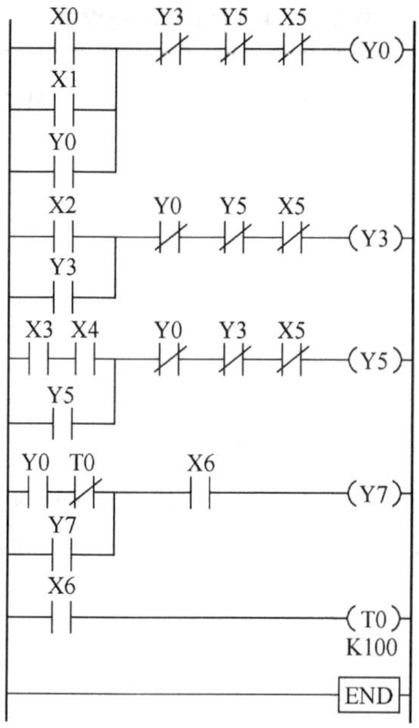

图 7-18　PLC 控制程序梯形图

习　　题

7.1　运料小车如图 7-19 所示，其控制要求为：运料小车（由电动机带动）在 SQ_1 处装料（20s），然后开始右行；到达 SQ_2 后卸料（15s），然后开始左行；这样不停往复工作，直到按下停止按钮。设计其 PLC 控制系统，包括主电路、输入/输出端子接线图、梯形图。

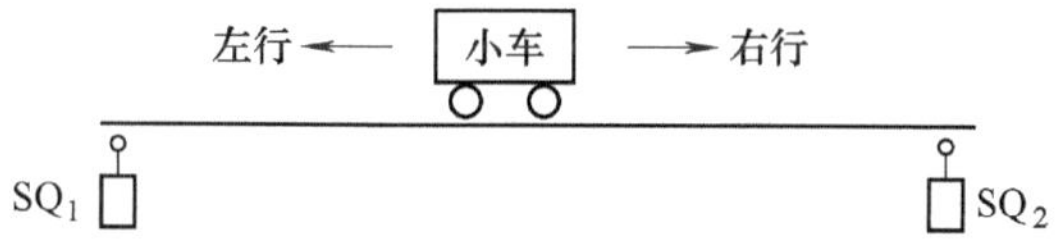

图 7-19　运料小车运行图

7.2　某液压动力头完成的动作循环为：

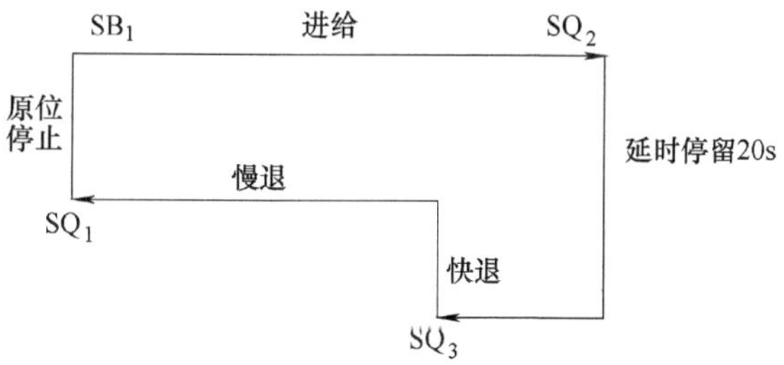

图 7-20　习题 7.2 图

其电磁铁动作顺序见表 7-5。

表 7-5　电磁铁动作顺序表

电磁铁 动作	1DT	2DT	3DT
进给	+	—	—
延时停留	—	—	—
快退	—	+	+
慢退	—	+	—
原位停止	—	—	—

设计其 PLC 控制输入、输出端子接线图、梯形图。

7.3　设计由 3 盏彩灯实现的霓虹灯 PLC 控制输入、输出端子接线图、梯形图。要求按下起动按钮后红灯先亮，1s 后绿灯亮，同时红灯熄灭，再 1s 后黄灯和红灯同时亮，同时绿灯熄灭。总停按钮使 3 盏灯同时熄灭。

附　　录

附录 A　电气图常用图形、文字符号新旧对照表

名称		新标准 图形符号	新标准 文字符号	旧标准 图形符号	旧标准 文字符号
熔断器			FU		RD
按钮	起动		SB	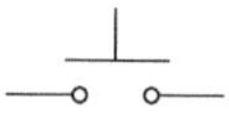	QA
按钮	停止		SB	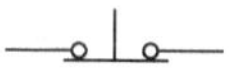	TA
按钮	复合	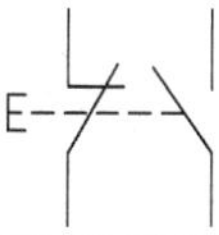	SB	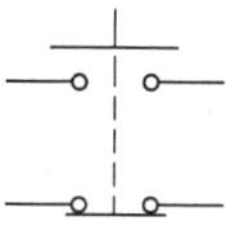	AN
接触器	线圈	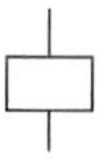	KM	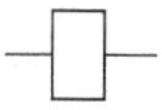	C
接触器	主触点		KM	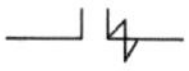	C
接触器	常开辅助触点		KM		C
接触器	常闭辅助触点		KM		C
速度继电器	常开触点		KS	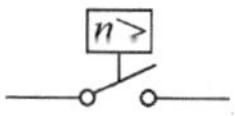	SDJ
速度继电器	常闭触点	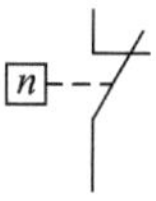	KS	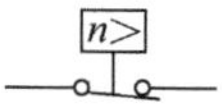	SDJ

名称		新标准 图形符号	新标准 文字符号	旧标准 图形符号	旧标准 文字符号
时间继电器	线圈	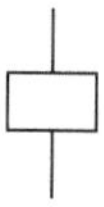	KT	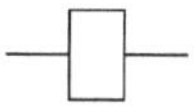	SJ
时间继电器	常开延时闭合触点		KT		SJ
时间继电器	常闭延时打开触点		KT		SJ
时间继电器	常闭延时闭合触点		KT		SJ
时间继电器	常开延时打开触点		KT		SJ
热继电器	热元件	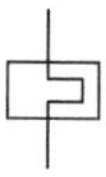	FR	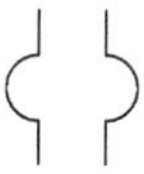	RJ
热继电器	常闭触点		FR		RJ
继电器	中间继电器线圈	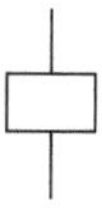	KA	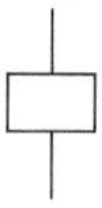	ZJ
继电器	欠电压继电器线圈		KA		QYJ

（续）

名称		新标准 图形符号	新标准 文字符号	旧标准 图形符号	旧标准 文字符号
继电器	过电流继电器线圈		KA		GLJ
	常开触点		相应继电器符号		相应继电器符号
	常闭触点				
	欠电流继电器线圈		KA		QLJ
转换开关			SA	与新标准相同	HK
制动电磁铁			YB		DT
电磁离合器			YC		CH
电位器			RP	与新标准相同	W
桥式整流装置			VC		ZL
照明灯			EL		ZD
信号灯			HL		XD
电阻器			R		R

名称	新标准 图形符号	新标准 文字符号	旧标准 图形符号	旧标准 文字符号
接插器		XS		CZ
电磁铁		YA		DT
电磁吸盘		YH		DX
串励直流电动机		M		ZD
并励直流电动机		M		ZD
他励直流电动机		M		ZD
复励直流电动机		M		ZD
直流发电机		G		ZF
三相笼型异步电动机		M		D
三相绕线转子异步电动机		M		D
单相变压器		T		B
整流变压器		T		ZLB
照明变压器		T		ZB
控制电路电源用变压器		TC		B

（续）

名　称	新标准		旧标准		名　称	新标准		旧标准	
	图形符号	文字符号	图形符号	文字符号		图形符号	文字符号	图形符号	文字符号
三相自耦变压器	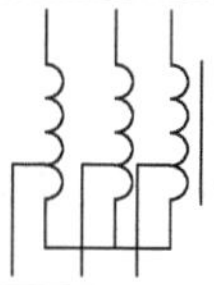	T	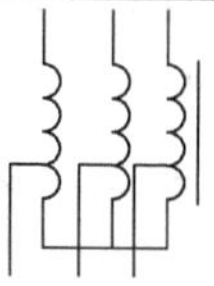	ZOB	一般三极电源开关	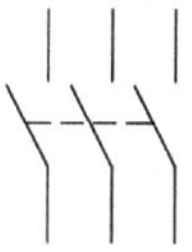	QS	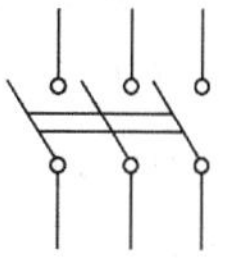	K
半导体二极管	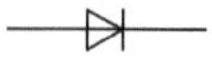	VD		D	低压断路器	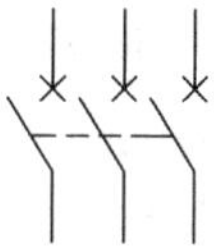	QF	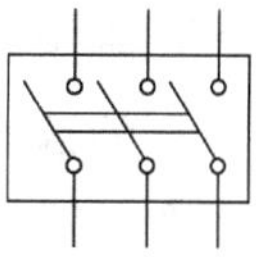	UZ
PNP 型晶体管			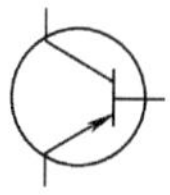	T	位置开关 常开触点			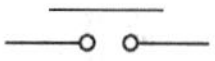	
NPN 型晶体管	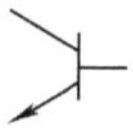	VT	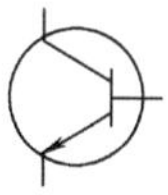	T	位置开关 常闭触点		SQ		XK
晶闸管（阴极侧受控）	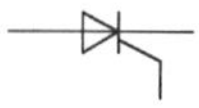			SCR	位置开关 复合触点			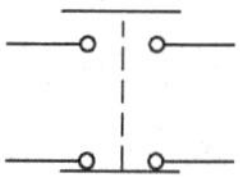	

附录 B　综合测试试卷

一、判断题（本大题共 10 小题，每小题 1 分，共 10 分）

1. 改变电流相序，可以改变三相异步电动机的转向。（　）
2. 接触器是用来频繁地接通和断开交、直流主电路和大容量控制电路，实现远距离自动控制的电器。（　）
3. PLC 所用 CPU 的位数越多，运算速度也越快，功能越强。（　）
4. PLC 的输出继电器的线圈不能由程序驱动，只能由外部信号驱动。（　）
5. 主令电器属于控制电器，是用来发出指令的低压操作电器。（　）
6. PLC 的软继电器编号可以根据需要任意编写。（　）
7. 接触器的主触点主要用来接通和分断主电路。（　）
8. PLC 的输出形式只有继电器接点输出。（　）
9. 三相笼型异步电动机都可以采用直接起动。（　）
10. 热继电器不能用于短路保护。（　）

二、选择题（本大题共 10 小题，每题 1 分，共 10 分）

1. 热继电器的感测部分应接在（　）中。

A. 控制电路　　B. 主电路　　C. 照明电路

2. 在电路中两个交流接触器的线圈需要（　）。

A. 并联　　B. 串联　　C. 串并联均可

3. 电动机若长期过载可能导致（　）。

A. 电动机烧毁　　B. 控制电路烧毁　　C. 电动机加速运动

4. 速度继电器的触点常用于（　）电路中。

A. 电动机减压起动　　B. 电动机调速　　C. 电动机反接制动

5. 控制工作台自动往返的控制电器是（　）。

A. 自动断路器　　B. 时间继电器　　C. 行程开关

6. 下列对 PLC 输入继电器的描述正确的是（　）。

A. 输入继电器的线圈只能由外部信号来驱动

B. 输入继电器的线圈只能由程序来驱动

C. 输入继电器的线圈既可以由外部信号来驱动又可以由程序来驱动

7. 中间继电器的电气符号是（　）。

A. SB　　B. KT　　C. KA　　D. KM

8. 具有失电压保护作用的控制方式是（　）。

A. 自锁控制　　B. 刀开关手动控制　　C. 点动控制

9. PLC 编程时用于驱动线圈的指令是（　）。

A. LD　　B. AND　　C. OR　　D. OUT

10. PLC 输出继电器供接通外部执行元件的触点数为（　）。

A. 1个　　B. 2个　　C. 无限个

三、简答题（本大题共4小题，每题5分，共20分）

1. 请说明熔断器和热继电器的作用。电路中为什么常常同时要具有这两种电器？

2. 图示说明互锁电路的作用（不要求主电路）。

3. 画出一种由按钮控制实现的点动与长动电路（不要求主电路），并说明其工作原理。

4. 说明 FX_{2N} -48MR 型号中各部分所表示的意义。

四、根据梯形图写出指令语句表（本大题共2小题，每小题6分，共12分）

1.

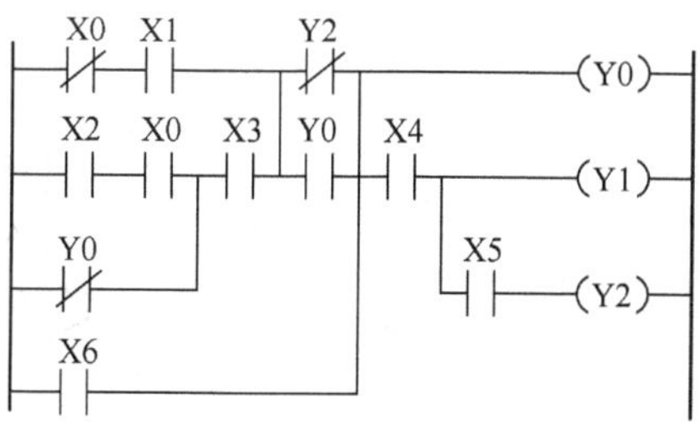

2.

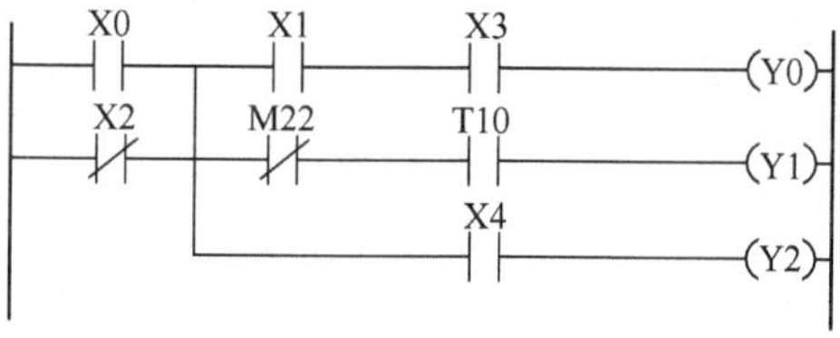

五、分析题（本大题共3小题，共25分）

1.（5分）下图为三相异步电动机反接制动控制电路，请简述电路的工作原理。

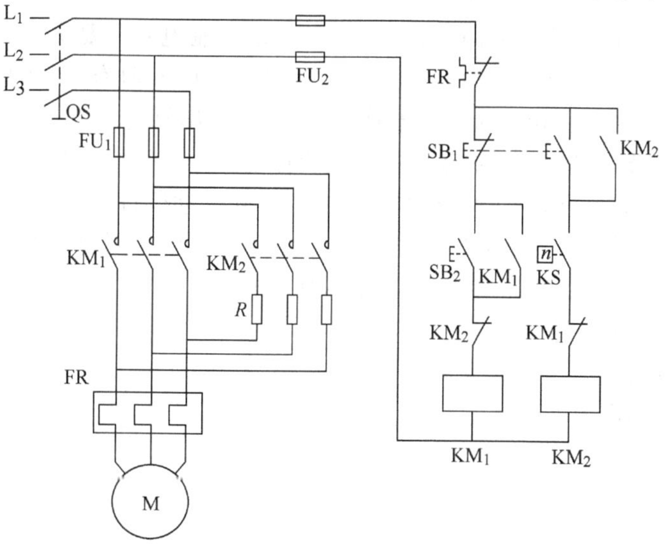

2.（10分）分析下列电路能否实现自锁控制，若不能则指出操作中产生的现象。

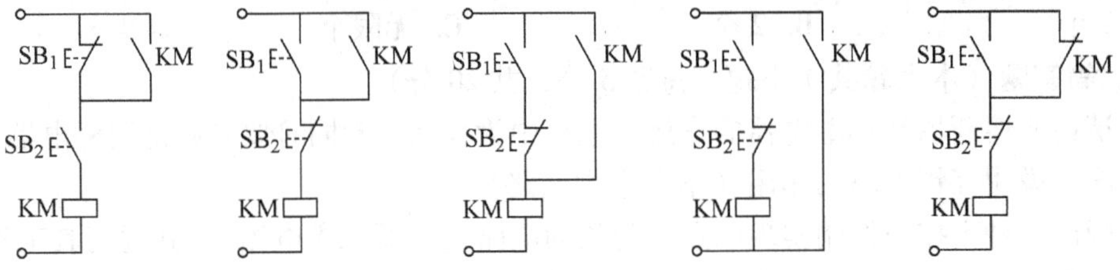

a)　　b)　　c)　　d)　　e)

3. （10 分）下图为 CW6163B 车床电气原理图。说明电路的工作原理（主电路、控制电路、信号指示电路及相关保护）。

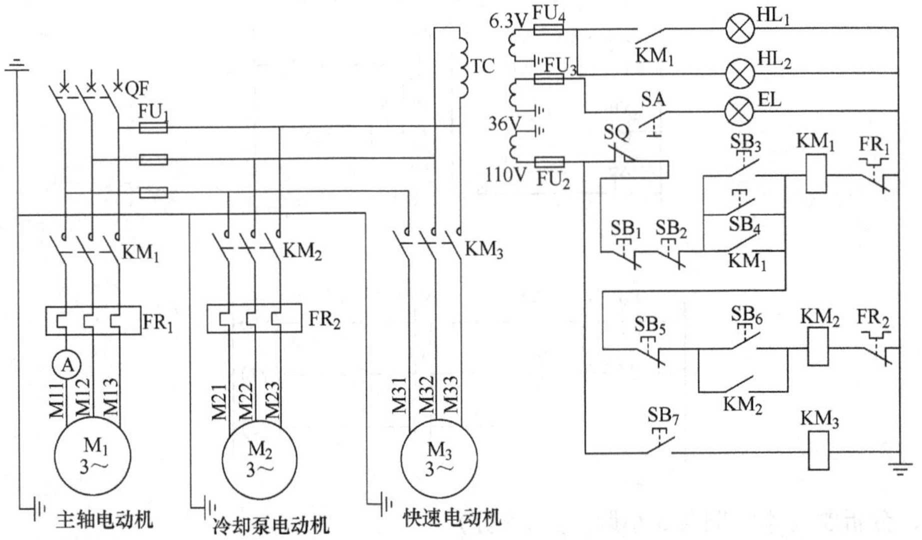

六、设计题（本大题共 2 小题，共 23 分）

1. （10 分）设计两台笼型电动机 M_1、M_2 的拖动控制电路，要求：（1）按下起动按钮 M_1 起动，10s 后 M_2 自动起动；（2）各运行 20s 后停止；（3）具有必须的电气保护。试设计继电器控制电路原理图（主电路和控制电路），并简述工作原理。

2. （13 分）异步电动机能耗制动的控制要求如下：

起动：按下起动按钮 SB_1→KM_1 得电吸合自锁→M 起动运行。

停止：按下停止按钮 SB_2→KM_1 断电释放→断开交流电，同时 KM_2 通电吸合自锁，M 接通直流电进行能耗制动，2s 后使 KM_2 断电→M 断电。

试设计其 PLC 控制电路：

（1）画出 I/O 接线图；

（2）画出相应梯形图；

（3）写出语句表。

参考文献

[1] 中国标准出版社．低压电器标准汇编［M］．北京：中国标准出版社，2007.
[2] 伍宏，魏远良．常用机械设备及电气控制［M］．广州：广东科技出版社，2001.
[3] 陈建明，等．电气控制与 PLC 应用［M］．北京：电子工业出版社，2006.
[4] 余雷声，等．电气控制与 PLC 应用［M］．北京：机械工业出版社，2007.
[5] 张培志，等．电气控制与可编程序控制器［M］．北京：化学工业出版社，2007.
[6] 张万忠，等．电器与 PLC 控制技术［M］．北京：化学工业出版社，2008.
[7] 齐占庆，等．机床电气控制技术［M］．北京：机械工业出版社，2008.
[8] 熊幸明．电气控制与 PLC［M］．北京：机械工业出版社，2011.
[9] 钟肇新，等．可编程控制器原理与应用［M］．广州：华南理工大学出版社，1999.
[10] FX_{2N}系列可编程序控制器使用手册［Z］．MITSUBISHI，1999.
[11] 张万忠，等．可编程控制器入门与应用实例［M］．北京：中国电力出版社，2005.